常见多肉植物图鉴

壹号图编辑部　编著

中国财富出版社

图书在版编目（CIP）数据

常见多肉植物图鉴/壹号图编辑部编著.—北京：中国财富出版社，2020.10
ISBN 978-7-5047-7122-3

Ⅰ.①常… Ⅱ.①壹… Ⅲ.①多浆植物—观赏园艺 Ⅳ.①S682.33

中国版本图书馆CIP数据核字(2020)第000051号

策划编辑 张彩霞　**责任编辑** 齐惠民　蔡　莹
责任印制 梁　凡　**责任校对** 张营营　**责任发行** 董　倩

出版发行 中国财富出版社
地　　址 北京市丰台区南四环西路188号5区20楼　**邮政编码** 100070
电　　话 010-52227588转2098（发行部）　010-52227588转321（总编室）
010-52227588转100（读者服务部）　010-52227588转305（质检部）
网　　址 http://www.cfpress.com.cn
经　　销 新华书店
印　　刷 河南瑞之光印刷股份有限公司
书　　号 ISBN 978-7-5047-7122-3/S·0046
开　　本 710mm×1000mm　1/16　**版　　次** 2020年11月第1版
印　　张 10　**印　　次** 2020年11月第1次印刷
字　　数 179千字　**定　　价** 39.80元

前言

植物与人们的生活息息相关，它们不仅可以绿化环境、净化空气，还可以缓解视觉疲劳、增加生活乐趣等，因而很受欢迎。在所有的植物当中，有一类更是因其奇特的外形、多变的色彩、小巧的身姿，以及易栽培、好打理的特性受到人们的喜爱，这就是有“神奇萌物”之称的多肉植物。

多肉植物的家族相当庞大，分类也很庞杂，大部分专家认为多肉可分为 50 多科，每科又可分为不同的属，属下又细分为种，目前全世界已知的多肉植物共有 10000 多种。多肉植物的品种如此繁多，再加上有些种类不管是从外形上，还是从生长习性上都极其相似，让人难以区分。因此，尽管养多肉已经成为一种流行趋势，但很多人对这类植物仍然是陌生的。

鉴于此，本书从最基本的多肉植物知识开始介绍，包括多肉植物的概念、分类、种植和养护工具等，先让读者对多肉植物有大致了解。接着选取景天科、番杏科、百合科、大戟科、龙舌兰科、仙人掌科等科中较为常见的 100 多种多肉品种，详细介绍了每一种多肉植物的学名、别名、属名、原产地、形态特征，以及光照、温度、浇水、施肥等，还特别介绍了一些品种的相关养护知识。

本书配有高清精美大图，图文结合的方式可以帮助读者更好地认识多肉植物，让读者在接受知识的同时，还能获得美的享受。总之，这是一本集科学性、实用性和欣赏性为一体的多肉工具书，希望每位读者都可以从中有所收获。

目录

第三章 番杏科多肉植物

第四章 百合科多肉植物

第五章 大戟科多肉植物

第六章 龙舌兰科多肉植物

第七章

仙人掌科多肉植物

第八章

其他科多肉植物

第一章
认识多肉植物

萌萌的多肉植物让人第一眼看到就忍不住喜欢。但对多肉养护新手来说，仅是其繁多的种类、多变的姿态就使它们难分难辨了，更不要说其养护技巧了。不过不用怕，本章从最基本的多肉植物的概念开始，陆续介绍了多肉的分类、多肉的养护和繁殖方法等，带你逐步认识这种充满生命力的神奇植物。

什么是多肉植物

多肉植物又称多浆植物、肉质植物、沙漠植物或多肉花卉等。这类植物主要具有以下几个特点：一是外形上，这类植物的营养器官，即根、茎、叶中至少有一种看起来是肥厚多汁的，并且可以贮藏大量的水分，这样，当其根系无法从土壤中吸收必需的水分时，可以使植物短时间内脱离外界水分供应而独立存活；二是特性上，这类植物大多都比较耐干旱、怕湿热，喜欢光照充足、通风良好的生存条件；三是生长环境上，这类植物的原生环境很多都是降水稀少、气候干旱的沙漠或戈壁滩等。

多肉植物的分类

多肉植物的种类非常之多，全世界目前已知的有 10000 多种，它们大多生长在非洲、美洲等地。多肉植物在分类上隶属几十个科，其中景天科、番杏科、百合科、大戟科、龙舌兰科、仙人掌科、马齿苋科等较为常见。

景天科

虹之玉

锦晃星

景天科多肉植物分布在北半球大部分区域，其中以热带干旱地区较多，全世界大约有 35 属 1500 种，分布在中国的有 10 属 242 种。这一科的多肉植物具有很强的无性繁殖能力，一片叶子就能够生根发芽。矮小的景天科多肉植物多喜欢阳光充足的环境，适宜的生长温度为 15 ~ 18℃，浇水以湿润为佳。景天属、石莲花属、青锁龙属、伽蓝菜属等都是景天科多肉植物。

景天属：一年生或多年生草本，少见茎基部呈木质，茎叶肉质，叶对生、轮生或互生，花序呈聚伞状或伞房状，花色较多。

石莲花属：又称拟石莲花属，多年生肉质草本植物或亚灌木，茎短，叶肉质，呈匙形，排列成莲座状，花序呈总状、穗状或聚伞状等，花小，颜色多为红色、黄色、橙色等。

黑兔耳

番杏科

番杏科多肉植物是叶肉质多肉植物的代表，主要分布在非洲南部，也在热带及亚热带地区，其中以南非为核心分布最为密集，全世界共有约160属2500种，分布在中国的共有7属15种。番杏科多肉植物中的大部分会在夏季休眠，冬季继续生长。这一科的多肉植物对养护的要求不是太高，繁殖方式也很简单，分株或扦插都能够很快生根。肉锥花属、生石花属、日中花属、露子花属、鹿角海棠属等都是番杏科多肉植物。

肉锥花属：植株无茎，根上直接长出一对呈球状或圆锥体的肉质叶，颜色有暗绿色、黄绿色或翠绿色等，叶上面有一条深浅不等的裂缝，花从裂缝中长出来，花色较为常见的为黄、红、紫、白、粉红等色。

生石花属：多年生草本，植株矮小，根状茎非常短，叶有两片，对生，呈卵圆形、楔形、肾形等，表皮较硬，上有纹路或斑点，顶端平坦，中间有一条裂缝，花从其中开出，单生，为雏菊状，颜色为白色、黄色等。

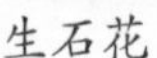

生石花

心叶日中花

百合科

百合科在世界各地都有广泛分布，其中以亚热带和温带地区为主，全世界大约有250属3500种，分布在我国的共有60属；约600种。百合科植物中既有名贵的花草，也有上好的药材，有些还可以食用，其中的大多数都属于多肉植物。百合科多肉植物一般具有根状茎、块茎或鳞茎，叶形多样。这一科的多肉植物大都喜欢较为温暖的环境，光照不宜太强，以散射光为佳，浇水也不宜太多。芦荟属、十二卷属、鲨鱼掌属、瓦苇属等都是百合科多肉植物。

芦荟属：多年生植物，茎短或无茎，叶肉质，莲座状簇生或有时二列对生，叶端较尖，边缘长有刺或硬齿，花序呈伞形、圆锥形、穗状或总状，花被呈圆筒状，偶尔略弯曲，花色可见红、黄等色，有些带有斑点。

十二卷属：多年生草本，植株大多较为矮小，无茎或茎较短，叶肉质，呈三角形、剑形或顶端呈截形，辐射状基生或集生茎上，花葶从叶丛中抽出，花序为总状，花多为白色，可有绿色或粉红色条纹。

多叶芦荟

玉露

条纹十二卷

大戟科广泛分布在世界各地，其中热带和亚热带地区较多，全世界大约有 300 属 8000 种，分布在我国的共有约 66 属 370 种，其中以长江流域以南各地较为常见。大戟科植物中有很多都具有很大的药用价值，另外还有一些具有很好的观赏价值，但也有一些有毒。大戟科中大约有 8 属是多肉植物，其中很多都是茎肉质或根肉质。这一科的多肉植物适宜光照充足的环境，可用枝插或叶插的方式进行繁殖。大戟属、红雀珊瑚属、麻疯树属、翡翠塔属等都是大戟科多肉植物。

大戟属：该属中约有 350 种是多肉植物，为草本或灌木植物，叶、茎、根均形态多样，其中很多都是茎肉质多肉植物，具有极高的观赏价值，花形、花色等也有较大的差别。

红雀珊瑚属：直立灌木或亚灌木，茎粗壮、肉质，含有大量乳状汁液，叶互生，有短柄或无柄，全缘，呈卵形或长卵形，初被短柔毛，后脱落，花序为顶生或腋生的杯状聚伞，外面被鲜红色或紫红色的总苞包围。

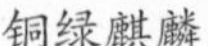
铜绿麒麟

蜈蚣珊瑚

龙舌兰科

龙舌兰科中的大多数都分布在热带、亚热带及暖温带地区，全世界共有大约 20 属 670 种，原产于我国的有 2 属 6 种，引入栽培的共有 4 属，约 10 种。龙舌兰科中有 8 ~ 10 属为多肉植物，且一般为叶肉质多肉植物。这一科的多肉植物喜欢温暖干燥且光照充足的环境，稍微耐寒，但冬季温度最好不要低于5℃，土壤以肥沃、排水良好的沙壤土为佳。虎尾兰属、龙舌兰属、酒瓶兰属、万年兰属等都是龙舌兰科多肉植物。

虎尾兰属：具有粗短且横走的根状茎，叶坚硬、粗厚，略肉质，基生或生于茎上，呈扁平、凹陷或圆柱状，花单生或几朵簇生，花序为总状或圆锥花序，花被上半部有 6 枚裂片，下半部呈管状。

龙舌兰属：植株无茎或有短茎，叶坚硬，肉质，边缘带有锯齿，有剑形、三角形、线形、针形等，有些可带有斑纹或被白粉，排列成莲座状，花序为伞形或圆锥形，花梗长可达数米，一般只开一次花，花后植株便逐渐枯萎至死亡。

银边龙舌兰

鬼脚掌

圆叶虎尾兰

仙人掌科

仙人掌科中的大多数都原产于美洲热带、亚热带沙漠或干旱地区，尤其以墨西哥和中美洲分布较多，全世界共有140属2000多种，我国引种栽培的共有60多属600多种。仙人掌科中的大部分都是多年生肉质草本，少数为灌木或乔木。这一科的多肉植物喜光照，耐干旱，怕寒冷，怕水涝，土壤以中性或微碱性为佳。繁殖方法可选扦插法、分株法及嫁接法等。仙人掌属、乳突球属、星球属、金琥属等都是仙人掌科多肉植物。

仙人掌属：肉质灌木或小乔木，茎直立、匍匐或上升，多分枝，分节，节间小窠中生有绵毛、刺或刚毛，叶呈针形、钻形、锥形或圆柱状，花单生，无梗，花被片多数，外轮小，内轮呈花瓣状，颜色为黄色至红色。

乳突球属：植株为球体，呈扁圆形、圆球形、圆筒形、柱形等，单生或丛生，上有略呈螺旋状排列的疣状突起，顶端有刺座，长有或短或长的刺，花较小，颜色为黄色、粉红色、深红色、紫红色等，在球体上方排列成环状。

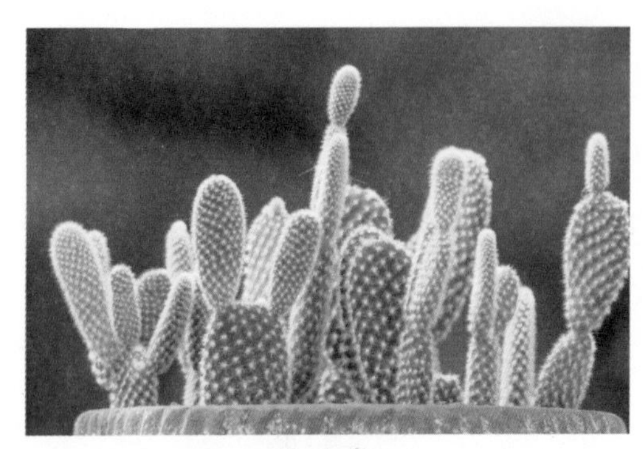

白毛掌

金手指

兜

马齿苋科

马齿苋科广泛分布在除高寒地区外的全球各地，尤以南美洲分布较多，全世界共有大约 19 属 580 种，我国现有 2 属 7 种。马齿苋科多肉植物一般为一年生或多年生草本，极少为半灌木，有些种类可做药用，还有一些则可以食用。这一科的多肉植物喜欢光照充足的环境，但应避免阳光直射，更不宜在强光下暴晒，生命力较强，部分品种既耐旱又耐涝，土壤以肥沃为佳。马齿苋属、回欢草属、马齿苋树属、长寿城属等都是马齿苋科多肉植物。

马齿苋属：一年生或多年生草本，肉质，茎平卧、铺散或斜升，叶互生、近对生或在茎上部轮生，呈圆柱或扁平状，花单生或簇生，有梗或无梗，一般有叶状总苞，花色各样，如黄色、红色、紫色、白色等。

回欢草属：植株矮小，或呈匍匐状生长，叶较小，形多样，如倒卵形等，颜色非常绚烂，有纸质或较大的肉质托叶，花期较短，有些品种的花期仅有一个小时，花色可见玫瑰红色、紫红色、白色等。

吹雪之松锦

马齿苋

金枝玉叶

种植和养护工具

由于多肉植物大都株型较小，因此，除了一些常见的工具外，在种植和养护过程中还需要一些特定的工具。了解这些工具的用途和用法，可以有助于养出长势更好、更漂亮的多肉植物。

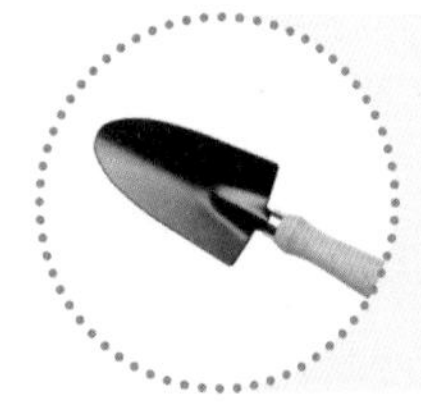

小铲子

小铲子的用途较多，既可以为多肉植物调配土壤、整理盆土，又可以在种植时托住多肉植物或换盆时辅助脱盆。多肉植物的盆器一般都很小巧，所以小铲子也要选迷你型的。

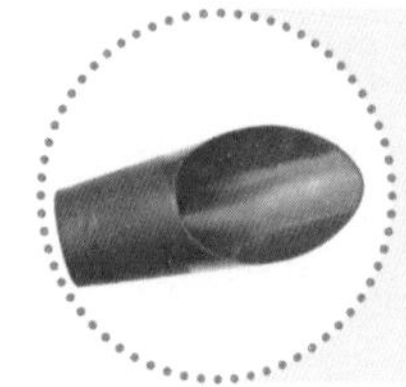

桶铲

桶铲主要是用来将土壤放入盆器里。种植多肉植物或换盆时都可以用，还可以用其将颗粒介质铺在盆土表面。桶铲的材质一般都是塑料的，比较轻便。

镊子

镊子在种植和养护多肉植物时都可以用到，既可以用来夹住多肉植物底部以便辅助入盆，又可以用来清理多肉植物上的土壤颗粒及虫卵。镊子可以选择圆头的，也可以选择尖头的。

无纺布

无纺布具有防潮、透气、易分解、质轻等特点，既可以将其垫在盆器底部，以防止土壤漏出，也可以将其遮挡在多肉植物周围，以防鸟类或飞虫侵害多肉植物。

橡胶气吹

橡胶气吹上部呈管状，下部呈球状，挤压下部就会有气出来，可以在种植好多肉植物后吹去上面的尘土，平时也可以用来清除多肉植物上的灰尘。

喷水壶

喷水壶除了可以用来将水喷洒在多肉植物周围，以增加空气湿度外，还可以用来给多肉植物喷洒防治病虫害的药液，或将液体肥料喷洒在多肉植物的盆土中。

弯嘴壶

弯嘴壶主要是给多肉植物浇水用的，这种水壶可以避免一次性浇水量过大而造成盆土积水，或者水分过多地积存在植株表面而造成叶片腐烂。

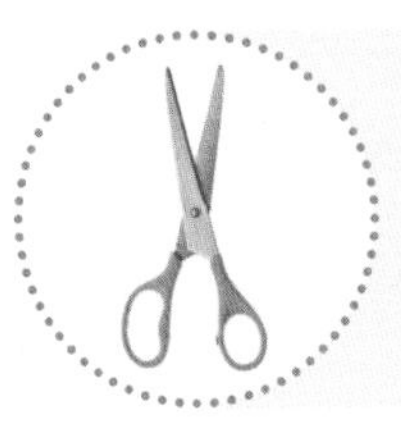

剪刀

剪刀大多是用来修剪多肉植物的，如修剪多肉植物的株型，或者扦插时剪掉多肉植物的分枝，或者是修剪多肉植物年久繁杂的根系，以防止滋生害虫或病菌等。

刀片

刀片和剪刀的作用差不多，可以在进行分株或枝插繁殖时，用来切割多肉植物的叶片或枝条，因为刀片体型比剪刀更加小巧，可以避免对多肉植株造成伤害。

竹签

竹签主要是用来检查多肉植物盆土的干湿程度的，可以将其插入多肉植物的盆土中，拔出来时如果上面没有粘上湿土，表示盆土已经略干，可以浇水了。

毛刷

毛刷可以用来扫除多肉植物表面的土屑、浮尘或虫卵等，但要注意，如果是叶片带霜的多肉植物，可以不用毛刷或动作尽量轻微。毛笔、化妆刷或软毛牙刷等都可当作毛刷。

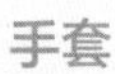

手套

线织手套：一般的工作手套，适合平常种植或养护多肉植物时使用。

橡胶手套：具有防水、抗侵蚀的特点，适合给多肉植物浇水或施肥时使用。

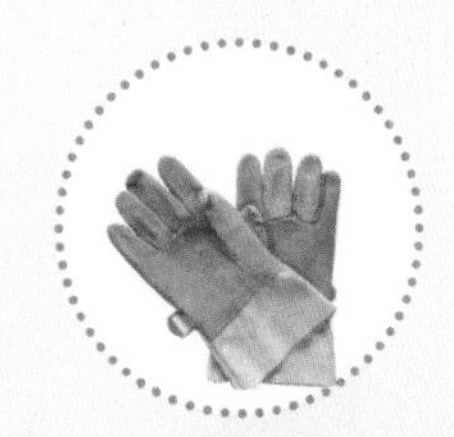

皮手套：具有质厚、耐磨的特点，适合种植或修剪带刺的多肉植物时使用。

土壤和颗粒介质

在为多肉植物选择土壤和颗粒介质时，应保证其具有良好的透气性和排水性，并且不能有害虫，还要有一定程度的团粒结构，这样才可以给多肉植物生长提供必需的养分。

营养土

营养土是一种为满足幼苗生长发育所需而专门配制的含有多种矿物质的土壤，具有疏松透气、土壤结构合理、保肥保水能力强、营养成分全面、不含病虫害及杂草种子等特点，非常适合用作种植多肉植物的土壤。

园土

园土是普通的栽培土，又叫作田园土或菜园土，因为反复的耕作和施肥，所以肥力较高，土壤的团粒结构也很好，是配制营养土的主要原料之一，可以用于露地栽培植物，但不适合单独作为盆栽用土。

腐殖土

腐殖土是一种传统的腐烂土，由植物物质如森林中的枯枝残叶，或者各种有机垃圾经过长时间的腐烂发酵后形成，透气性比较好，利水及保湿保肥能力也不错，可将其与其他植料配合，作为多肉植物的盆栽用土。

泥炭土

泥炭土是河湖沉积低平原或山涧谷底中，由于长期积水，水生植物缺氧而未能充分分解的残体积累而形成的泥炭层土壤，有机质含量高、透水性好，与其他物质配合使用，肥力更高，可用作多肉植物幼苗的盆栽用土。

赤玉土

赤玉土是由火山灰堆积而成的，是高通透性的火山泥，呈黄色圆形颗粒状，既有利于蓄水，又有利于排水，而且不含有害细菌，通常与其他物质混合的比例为 30% ~ 35%，特别适合用作各种多肉植物盆栽用土。

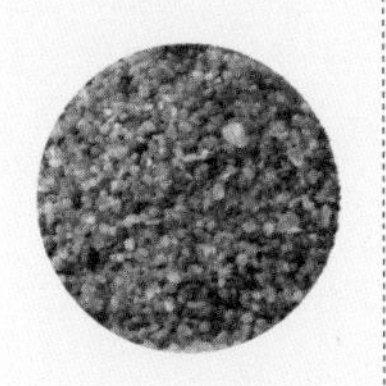

鹿沼土

鹿沼土产于日本鹿沼市，是一种酸性火山浮岩，形状圆润，气孔较多，具有透气性好、保水性佳等优点，除了可用于高山花卉，如杜鹃的种植外，还适合作为各种盆栽用土，因此可用来种植多肉植物。

河沙

河沙是天然沙石在流水的长期冲撞、摩擦作用下产生的，含有较多的杂质，呈表面圆滑的颗粒状，比较干净。将其烘干，并去除其中的较小的颗粒，再与其他物质合理搭配后，可以用来种植多肉植物或作为铺面。

珍珠岩

珍珠岩是酸性火山熔岩在经过急剧冷却后形成的玻璃质岩石，因具有珍珠裂隙结构，故得名珍珠岩，具有无毒、保水、透气等特点，可用作多肉植物盆栽的铺面，或与其他土壤混合，以起到改善土壤板结的效果。

蛭石

蛭石是一种无毒的天然矿物质，能够增加土壤的保水性和透气性，也能提高土壤的营养含量，使用一段时间后，它会变得致密而不再透气和保水，因此应选择较粗糙且呈薄片状的作为土壤介质或盆栽铺面。

陶粒

陶粒即陶制的颗粒，一般呈圆形或椭圆形，由于多孔，所以透气性良好，加上无粉尘、质轻，且便于清洁等特点，被大量用于室内观赏植物的种植中，因此，用陶粒作为多肉植物的土壤介质再合适不过了。

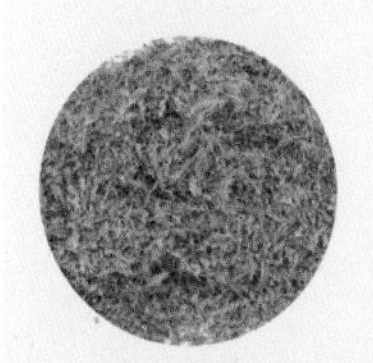

椰糠

椰糠就是椰子外壳的纤维粉末，是一种纯天然的有机介质，将其放在露天环境下，经过日晒、雨淋后，可以降低其含盐量和传导性，其良好的透气性和保水性能够促进植物根系生长非常适合用来无土种植多肉植物。

多肉植物的盆器

多肉植物形态各异、颜色绚烂，搭配合适的盆器，不仅可以使其长得更好，也可以大大提高其观赏价值。

陶瓷盆器

陶瓷盆器是园艺盆栽中使用率最高的，这类盆器具有造型多变、色彩丰富、易于搭配、价格适中等优点。其保水性也很好，比较利于多肉植物的生长。陶瓷盆器光滑的瓷面也很容易清理，只要定期清理，使用时间再长也不会变得脏兮兮的。

陶瓷盆器的主要缺点是透气性差。在闷热的夏季，如果浇太多水，用陶瓷盆器种植的多肉植物就可能会因土壤闷湿而发生烂根现象。所以，到了夏季温度较高时，对于使用此类盆器种植的多肉植物，我们一定要注意控制好浇水量，而且要保证其拥有良好的通风条件，还要避免淋雨。另外，在选择陶瓷盆器时，尽量选择底部带孔的。

陶类盆器

陶类盆器有红陶和粗陶两种常见类型。红陶盆器款式多样、简便好用，其良好的透气性可以避免多肉植物烂根现象的发生，即使是在高温的夏季，养植者也不必太过担心。红陶盆器比较适合新手使用。粗陶盆器透气性和保水性都不错，其美观大方的造型比较适合有老桩的多肉植物，空间更大也有利于多肉植物根系的生长。

陶类盆器的缺点主要是价格相对较高。此外，红陶盆器使用较长一段时间后，表面会产生白色的盐碱渍，影响美观。而粗陶盆器一般体积都较大，因此摆放较为受限，大都只适合摆放在室外院内，盆器太过笨重也不利于移动。

木质盆器

木质盆器具有韵味独特、透气性好等优点，较大的可以摆放在阳台或走廊、庭院内，体积小且造型独特的木雕盆器则可以摆放在客厅或书桌等处，可以起到很好的装饰作用。另外，木质盆器也容易得到，不必购买，可以用旧木箱、旧木盒稍加改造后使用。

木质盆器最大的缺点就是容易腐烂，使用时间较短。如果将木质盆器摆放在室外，一般情况下，大约一年就得更换新盆。即使在表面刷上一层防腐的油漆或桐油，但与陶瓷或陶类盆器相比，木质盆器的使用时间也还是要短很多。因其容易被腐蚀、发霉，所以也不太适合摆放在室内。

藤编盆器

藤编盆器在多肉植物的种植中使用得较少，具有透气性良好、款式较多、价格适中等优点。这类盆器适合种植株型较大的多肉植物，悬挂在高处或摆放在门厅等处，可以营造出独特的效果，具有很好的装饰性。

藤编盆器的缺点与木质盆器相似，都是容易腐烂，使用时间较短。一般情况下，藤编盆器在使用一两年后就不能再用。另外，由于藤编盆器的空隙较大，直接放入土壤的话，容易漏出来，保水性也不是太好。因此，在种植多肉植物时，应该先在藤编盆器底部及四周铺上一层透气性较好的无纺布，然后再放入土壤及其他颗粒介质等。

铁质盆器

铁质盆器在多肉植物的种植中也不太常见，其具有价格便宜、色彩鲜艳等优点。此外，铁质盆器也可以不用购买。处理掉废弃铁盒上面的锈迹，再用铁丝自己加工制作，可以与水苔、椰糠、麻绳等搭配，一个创意满满的铁质盆器就出来了。

铁质盆器最大的缺点就是容易生锈。如果是购买的铁质盆器，其表面往往有一层防锈漆，但即使是这样，时间久了也会慢慢生锈，从而影响美观和使用寿命。另外，铁质盆器在夏季高温时还容易吸热，其透气性又差，因此多肉植物发生闷死或烂根的概率较高。而且铁锈容易使盆土酸化，还易滋生病菌，不利于多肉植物的生长。

塑料盆器

塑料盆器的使用非常广泛，具有型号多样、价格低廉、轻巧等特点。在种植多肉植物时，可以根据多肉植物的株型及摆放位置，选择不同颜色、不同大小的塑料盆器，从而摆出自己想要的造型。塑料盆器的保水性较好，比较适合用来培育多肉植物的幼苗。尽管塑料盆器的透气性不是太好，但因为其材质较薄，因此水分挥发较快，也不太容易引发烂根等现象。

塑料盆器的缺点是其材质有可能含有不利于多肉植物生长的成分，如某些仿石材塑料盆器中就含有一定毒性的胶，如果使用了这种塑料盆器，时间久了，多肉植物会枯萎甚至死亡。

创意盆器

创意盆器就是生活中的某些废弃物品经加工改造后用来种植多肉植物的一类盆器，具有视觉效果好、造型奇特、创新性强等特点。例如，各种材质的废弃箱子或盒子、不再穿的鞋子、完整的鸡蛋壳、从海边捡来的各种贝壳、饮料瓶或易拉罐，等等，都可以用来制作创意盆器。

创意盆器总的缺点是需要花费一定的时间，有些盆器制作起来可能还比较困难。另外，这类盆器的缺点也随制作材质的不同而不同。

玻璃盆器

玻璃盆器具有精巧可爱、款式漂亮等优点。玻璃盆器适合用来水培多肉植物，这样可以及时发现水位是否合适以便随时调整，还可以清楚地观察到多肉植物根系的生长情况。此外，用玻璃盆器种植一些体型小巧的多肉植物也很适合，将其摆放在餐桌、书桌等处，都别有一番情趣。

玻璃盆器最大的缺点是透气性较差，其底部也没有透气孔，如果在种植时没有添加防水层，根系腐烂的现象就很容易出现。另外，玻璃材质容易破碎，在养护时应多加小心。也是因为这个因素，玻璃盆器的摆放受到很大限制，若位置不当摆放不稳或发生碰撞，会掉落摔碎。

多肉植物的养护

在养护多肉植物的过程中，光照和温度、浇水和通风、施肥、病虫害、徒长和修剪等这几项是要特别注意的，只有为多肉植物创造良好的条件，才能养出美丽的多肉植物。

光照和温度

多肉植物大多喜光，充足的光照可使其植株更加健壮，叶片更加肥厚饱满，颜色也更加艳丽，并且还不容易生害虫。相反，如果光照不足，多肉植物往往会出现徒长现象，叶片也会变得纤薄没有光泽，光照严重不足时，无法抵抗霉菌从而发生腐坏。

原生环境下的多肉植物每天接受光照的时间较多，有的可达 6 ~ 8 个小时，甚至更多。我们自己在家种植多肉植物，无论是室外还是室内，光照时间可能都不会那么长，但每天只要保证大约 2 个小时的光照，就可以了。如果是春秋季节，可以适当增加光照时间。同时要注意，不能让多肉植物直接在阳光下暴晒，否则容易出现晒伤等情况。夏季阳光较为强烈时，要为多肉植物做一些防晒措施。例如，可以在其周围覆上一层防晒网或者将其放在玻璃、窗帘后，以便隔绝紫外线。

适宜的温度对于多肉植物来说也非常重要。一般情况下，多肉植物的生长适宜温度为 10 ~ 30℃。冬季温度过低时要把多肉植物移到室内，将其放在阳光能照射到的封闭阳台上。不过，适当让多肉植物进入 5 ~ 10℃的低温的状态可以让其颜色变得漂亮，但是温度一定要高于 0℃。夏季温度超过 35℃时，大部分多肉植物都会进入休眠状态。此时，可将多肉植物移至阴凉干爽的地方进行养护。

浇水和通风

多肉植物既怕太过干燥，又怕湿涝，因此浇水要干湿适度。多肉植物在缺水时会发出信号，如植株底部叶片渐渐干枯掉落，或者植株表面会起褶皱，或者叶片变得柔软没有光泽。发现上述情况，就可以浇水了。

冬季相对比较干旱，温度低，温差大，浇水时要严格控制水量，否则可能发生多肉植物冻害甚至冻死的现象。但是如果室内有暖气，多肉植物还是会生长的，此时要根据情况浇水。另外，阴雨天气因为水分蒸发较少，可以不用浇水。深秋天气较为干燥，除了要给多肉植物适量浇水之外，还要在其周围喷水以增加空气湿度。新种植的多肉植物因为根系少，吸水能力不强，可以少浇一点水。而植株较为健壮的多肉植物，根系发达，对水分的需求量大，可以多浇一些水。

通风是指空气的流通情况，良好的通风条件可以让多肉植物长得更好、颜色更漂亮，还可以防止病虫害的滋生。因此，在室内养护多肉植物时要经常开窗，以增加空气流通，从而减少霉菌、白粉病等疾病的发生。

与室内养护相比，露养的多肉植物通风条件较为良好，尤其是对夏季进入休眠状态的多肉植物来说，露养更为合适。但露养也并不是什么时候都适合。在冬季温度太低时就不适合露养，此时应该把多肉植物移至室内温暖处。气候闷湿的梅雨季节也不适合露养，因为连绵阴雨的天气可导致多肉植物发生涝死。另外，即使是适合露养的多肉植物，也要做好一些防护措施，如防雨和防晒，避免因为雨水太多而导致植株或根系腐烂，以及阳光过强而造成灼伤。

施肥

多肉植物缺乏生长所需的养分，它们的生长就会变得缓慢，植株形态和色彩也会变得萎软、暗淡，严重影响观赏性。

氮、磷、钾是植物生长所需的三个主要元素。通过施用氮肥，可以促进光合作用，使多肉植物的枝叶更加繁茂、肥厚、有光泽。通过施用磷肥，可以促进多肉植物根、茎的发育，并能促使其开花。通过施用钾肥，则可以让多肉植物的茎干更加粗壮，根系更加发达，从而使植株变得更加挺拔、紧簇。

多肉植物的施肥原则为“低氮高磷钾”，除此之外，还可以施用一些钙元素、镁元素、铁元素、铜元素等。多肉植物的施肥方式可以分为施基肥和追肥两种。基肥多在种植多肉植物时掺入土壤中。常见的多肉植物基肥有草木灰、腐熟的禽畜粪和骨粉等。有机肥或缓释肥则可以埋在盆土里面或施在盆土表面，液肥则可以喷洒在植株叶面或浇在植株根部。还有些多肉植物适合含有石灰质的土壤，因此可以在配制盆土时加入一些蛋壳、骨粉等。对于生长速度特别缓慢的多肉植物品种及生石花属来说，少量施肥即可。

多肉植物开花时可以进行追肥，从花箭冒头开始，每半月追肥一次，可以同浇水一同进行。此时的肥料以磷肥、钾肥为主，且以施用液肥为佳。对仙人掌属、仙人球属、乳突球属等强刺类多肉植物来说，生长季节按照“薄肥勤施”的原则进行追肥即可。

病虫害

多肉植物的病虫害以预防为主，在种植前可先对盆土进行消毒，还可在早春、梅雨来临前及初冬进行喷药，另外还要保证养护环境的干爽洁净。

常见病害及防治

赤霉病，属于细菌性病害，主要危害块茎类的多肉植物，可从植株的伤口处入侵，并逐渐使整个植株块茎出现赤褐色的病斑。防治赤霉病，可在种植前用 70% 甲基托布津可湿性粉剂 1000 倍液喷洒多肉植物植株，晾干后再涂以硫黄粉进行消毒。

黑腐病，是由浇水过多或环境过于潮湿引起的真菌感染。对黑腐病的防治，首先是将感染部位切除，待伤口干燥后再塞入硫黄和碎木炭，并将原盆土进行杀菌消毒处理或更换新盆土。

炭疽病，多发生于气温高、湿度大的季节，由氮肥施用过量引起，该病初起为褐色小斑块，并逐渐扩大成圆形或椭圆形，接着便干枯、萎缩。防治炭疽病，可用 70% 甲基硫菌灵可湿性粉剂 1000 倍液或 70% 甲基托布津、多菌灵等进行喷洒。

常见虫害及防治

红蜘蛛，主要危害大戟科、百合科等多肉植物。防治红蜘蛛，可首先增加环境湿度，然后用 40% 三氯杀螨醇 1000 ~ 1500 倍液进行喷杀。

介壳虫，多危害龙舌兰属、十二卷属等多肉植物，它们会吸食叶片中的汁液，使得植株生长不良，甚至会枯萎死亡。防治介壳虫，可在盆土中加入适量呋喃丹，介壳虫数量较少时，可用毛刷或镊子将其清除掉，数量较多时则可用速扑杀 800 ~ 1000 倍液进行喷杀。

粉虱，主要危害彩云阁等灌木状多肉植物，同时还可能诱发煤污病。防治粉虱，可用 40% 氧化乐果乳油 1000 ~ 2000 倍液或马拉松乳剂 500 倍液等进行喷杀，连用两天后，要用清水对多肉植物进行喷洗。

蚜虫，多危害景天科、菊科等多肉植物。防治蚜虫可用 80% 敌敌畏乳油 1500 倍液进行喷杀。

徒长和修剪

多肉植物徒长就是植株发育过旺，出现茎节变得细长、软弱，叶片拉长、变薄等现象。光照不足、浇水和施肥过多等都会造成多肉植物徒长。因此，防止出现徒长，要保证充足的光照，并控制好浇水量和施肥量。

已经出现徒长现象的多肉植物是基本没法再变回去的，但可以通过“砍头”的方式进行补救。一般情况下，“砍头”多在春秋季节，即多肉植物的生长期进行。所谓“砍头”，就是用刀片或剪刀将植株头部砍掉。需要注意的是，砍掉的头部要保留一部分枝干，以便于重新扦插。被“砍头”后的多肉植物老桩可以不做处理，一段时间之后，切口部位就会发出很多小芽，并长成多头的状态。

防止多肉植物徒长，除了可以从光照、浇水、施肥等方面做起，还可以通过定期修剪多肉植物的植株来预防。这样不仅可以防止徒长，还能让其达到最佳生长状态，从而呈现出更好的观赏效果。除此之外，修剪多肉植物的枝叶还能促使其长出新的分枝，让多肉植物株型变得更加优美。

修剪多肉植物还包括修剪其根系，以便及时发现根系腐烂现象或害虫等。修根多在换盆或分株繁殖时进行，其原则是保留主根，去除老根、烂根、病根。同时可用毛刷等对根部进行清扫，以除去虫卵。然后将根部放到多菌灵溶液中进行浸泡，捞起后擦拭干净，并放到通风良好的散射光处晾干，之后再移栽入盆。

四季养护

春季

大部分多肉植物在春季四五月时，生长速度较快。此时气温逐渐上升，多肉植物的根系开始活跃，加上经过一年的生长，根系也变得较为发达，原盆土中的营养几乎被吸收完了，土壤也变得较为板结，更容易干燥。所以，此时应适量施肥，并注意浇水，保持盆土湿润，然后将其移到光照充足的环境中。另外，春季还适合为多肉植物换盆，同时可对株型及根系进行适当修剪。

夏季

夏季温度过高时，有些多肉植物的状态会变得较差，会进入半休眠或休眠期。对此可以减少浇水，甚至不浇水。否则，水分无法被吸收积存在盆中，容易造成多肉植物根部腐烂、叶片发黄。与此同时，还要将它们移到半阴和通风良好的环境中。但也有多肉植物的生长期是夏季，如子持莲华、沙漠玫瑰等，对于这类多肉植物则可适当增加浇水量，并保证充足的光照。

秋季

秋季天气转凉，多肉植物的生长速度加快，夏季休眠的种类可适当多浇些水，以使干瘪的叶片恢复光泽。同时，应将多肉植物移到光照充足处，并可针对性地进行摘心、修枝、“砍头”等处理。到了秋末温度逐渐降低时，就可以将比较怕冷的多肉植物移到室内较温暖的环境中，并注意通风。每天也要给予多肉植物一定的光照时间，在移动之前可以对多肉植物进行一次病虫害药物喷洒。

冬季

冬季如果室外温度低于5℃，就应该将多肉植物移到室内或阳台处进行养护。只要室内温度保持在0℃以上，多肉植物就可以安全过冬。如果最低温度在10℃以上，则大部分多肉植物都可正常生长。给越冬的多肉植物浇水，可根据株型大小进行：如果是弱小的幼苗，可以少量频繁浇水，保持土壤微湿即可；如果是健壮的大棵多肉植物，则只浇极少的水或不给水。

多肉植物的繁殖

多肉植物有着很强的繁殖能力，其繁殖方法也有多种，叶插、枝插、分株、播种等。有些多肉植物适用于不止一种繁殖方法，可根据情况进行选择。繁殖可选择在换盆或修剪时进行，下面介绍不同繁殖方法的具体操作。

叶插

叶插比较适合景天科的景天属、石莲花属及风车草属等，如虹之玉、白牡丹、静夜、铭月、黑王子、姬秋丽等。

第一步，摘取叶片。选取多肉植物植株上较为健康的叶片，将其轻轻摘下，并注意要避免叶片伤口处粘上泥土或水。

第二步，晾干叶片。将新摘取的叶片放在有散射光的通风处，通常1～3天后，伤口就可以晾干了。

第三步，准备盆器和土壤。将保水性及透气性较好且颗粒不是太大的营养土放入一个浅而宽的盆器中。

第四步，放入叶片。可以将叶片插入土壤中，也可以将其直接平放在土壤表面，注意叶片需正面朝上。

上述步骤完成后，要将盆器放到阳光直射不到的地方，以免叶片被晒伤或晒死。在生根或出芽前，叶片无法吸收水分，可以不用浇水。大约30天后，根系和小芽基本都会长出来，此时可少量浇水，并给予适量光照，等小芽长大到一定程度，就可以移栽入盆了。

枝插

枝插又叫“砍头”，对叶插很难成活的多肉植物来说非常适合，如八千代、熊童子、黑法师、桃美人等。

第一步，“砍头”。选择一株健壮的多肉植物，用刀片或剪刀将上部剪切下来，伤口涂多菌灵可以选择发生徒长的多肉植物。

第二步，摘掉下部叶片。将剪掉的植株头部最下面的几个叶片摘掉，摘掉的叶片可以留着作为叶插的材料。

第三步，生根。将整理好的分枝伤口稍微晾干，再将其架空在一个容器中，以便让切口处慢慢长出根系。

第四步，移栽入盆。在分枝切口处生根后，便可以将其栽到装有潮土的花盆中，在阴凉通风处放3~5天后再浇水，不应该立即浇水，土壤干可用喷壶喷水，然后移到有光照处。

分株

分株繁殖比较适合群生或有莲座叶丛的多肉植物，如观音莲、女雏、子持莲花、落地生根等。斑锦类若想保证品种的纯正则必须通过分株繁殖。

第一步，脱盆。选择一盆群生或爆盆的多肉植物，利用镊子等工具将需要分株的植株脱离花盆。

第二步，整理根系。将脱盆的多肉植物根系上的土壤清理干净，然后将盘结的根系疏通顺畅,并剪掉病根、杂根。

第三步，分株。将整理好的多肉植物上的一些较大的幼株轻轻掰下，也可用刀片将其切下，伤口涂多菌灵并放置一两天以晾干伤口。

第四步，种植。在准备好的花盆底部铺上一层蛭石,然后装入营养土，将晾干伤口的幼株种好，浇水即可。

第五步，放置。用毛刷或橡胶气吹将新种好的多肉植物表面上的浮尘或土壤清理干净，然后将其放置在通风散光处即可。

播种

播种繁殖宜在秋季进行，播种的种子要求饱满且无病虫害。多肉植物的种子成熟收集之后，在秋季就可以播种，不要存放太长时间，否则会降低出芽率。

第一步，准备容器和土壤。准备一个用高锰酸钾溶液清洗过并晾干的育苗盆及适合播种且拌有多菌灵的土壤介质，可选择颗粒不太大，且保水性和透气性都较好的营养土。

第二步，铺底石。在育苗盆底部铺上一层颗粒稍大一些的介质，如小石子、碎树皮等，以利水渗湿，增加土壤的透气性。

第三步，装盆。将营养土装入育苗盆，用小铲子等工具将盆土表面整理平整，然后浇水至透，再在表面铺上一层赤玉土或蛭石。

第四步，浸盆。将装好土壤及颗粒介质的育苗盆浸入水中，直到水从土壤表层浸出，并持续 30 分钟左右。

第五步，播种。利用牙签等工具蘸水将消过毒的种子点种到育苗盆表层，不用覆土，盖上一层保鲜膜，并在上面扎几个孔以供透气即可。

第二章

景天科多肉植物

景天科多肉植物多为叶肉质或茎肉质，包括景天属、石莲花属、伽蓝菜属、青锁龙属、莲花掌属、长生草属、厚叶草属、八宝属等。该科多肉植物喜光照、喜湿润，性耐寒，忌水涝，适宜种植在沙壤土中，大部分都很容易养护。景天科多肉植物叶形优美，叶色亮丽，具有非常高的观赏价值。

虹之玉

别名 耳坠草　　属名 景天属

原产地 墨西哥

喜光，忌烈日暴晒

生长适温为 10 ~ 28℃

不干不浇，浇则浇透

生长期每月施有机液肥 1 次

形态特征

植株高可达 20 厘米，易群生，多分枝；叶片肉质，圆筒形至卵形，互生，叶表光亮，绿色，光照充足时或秋冬季节，叶片可部分或全部变成鲜亮的红色；聚伞花序，花星形，颜色为黄色。

虹之玉锦

别名 极光　　属名 景天属

原产地 墨西哥

喜光，夏季适当遮阴

最低生长温度为 10℃

生长期适量浇水

生长期每半月施肥 1 次

形态特征

为虹之玉的锦化品种；植株中小型，直立，丛生；叶片肉质，圆筒形至卵形，叶端圆钝，轮生，叶面光滑，叶色浅绿，有白色锦斑，强光照射下，叶色可变成粉红色；聚伞花序，花星状，淡黄色。

黄丽

别名 金景天　属名 景天属

原产地 墨西哥

- 喜光，也耐半阴
- 生长适温为 15 ~ 28℃
- 干透浇透，避免积水
- 生长期每月施稀薄液肥 1 次，夏季停止施肥

形态特征

株型较小，高 15 ~ 30 厘米；叶片肉质，肥厚，卵形，先端尖，轮生，排列成松散的莲座状，叶面平整光滑，叶黄绿色，光照充足时，叶片可变成边缘泛红的金黄色；簇状花序聚合成球状，花小，白色。

小松绿

别名 球松　属名 景天属

原产地 阿尔及利亚

- 喜光，夏季适当遮阴
- 最低生长温度为 5℃
- 夏季控制浇水，忌积水
- 生长期每月施稀薄液肥 1 次

形态特征

植株低矮，多分枝，株型紧凑，近球状；新枝浅绿色，后变为灰白色；叶肉质，针形，绿色或灰绿色，呈放射状簇生在枝端，枝条下部叶片易干枯，并贴于茎上，数月后可脱落；聚伞花序，花星状，黄色。

姬星美人

别名 无　属名 景天属
原产地 西亚和北非的干旱地区

喜光，日照要充足
生长适温为 13 ~ 23℃
冬季控制浇水，忌积水
生长期每月施肥 1 次

形态特征

植株低矮，高 5 ~ 10 厘米，分枝多，易成群生状；叶片肉质，倒卵圆形，膨大互生，长约 2 厘米，叶色深绿，光照充足时，叶色可变成蓝粉色，整体变得矮小而紧凑；花 5 瓣，颜色为淡粉白色。

乙女心

别名 无　属名 景天属
原产地 墨西哥

喜光，日照要充足
生长适温为 13 ~ 23℃
干透浇水，夏季少浇水
秋季施肥 1 ~ 2 次

形态特征

植株中小型，高 5 ~ 30 厘米，多分枝，有短茎；叶片肉质，圆柱状，簇生于茎顶，叶片微被白霜，浅绿色或淡灰蓝色，强光照、温差大的条件下，叶色可变成粉红色至深红色；花较小，5 瓣，黄色。

千佛手

别名 王玉珠帘 属名 景天属 石莲花属

原产地 美国加利福尼亚州

喜光，盛夏适当遮阴

生长适温为 18 ~ 25℃

每月浇水 1 ~ 2 次

生长期每月施薄肥 1 次

形态特征

幼株矮小，老株可形成垂吊状；叶片肉质、肥厚，椭圆状披针形，微向内弯，叶端尖，叶面光滑，叶色青绿；花刚开时，被绿叶包拢，慢慢开至露出整个花苞，聚伞花序，花星状，黄色。

珊瑚珠

别名 锦珠 属名 景天属

原产地 墨西哥

喜光，夏季适当遮阴

生长适温为 10 ~ 32℃

不干不浇，浇则浇透

夏季休眠期少施肥

形态特征

株型小巧，直立生长，易分枝，株高约 10 厘米，茎细；叶片肉质，卵圆形，交互对生，叶表生有短茸毛，光照不足时叶为绿色，光照充足或温差大时，可变成紫红色或红褐色；花小，白色，呈串状。

新玉缀

别名 新玉串　　属名 景天属

原产地 墨西哥

喜光，盛夏适当遮阴

生长适温为 10 ~ 32℃

每月浇透 1 次

每月施稀薄液肥 1 次

形态特征

植株基部多分枝，初为直立生长，后逐渐变为垂吊状；叶卵圆形，先端钝，呈螺旋状紧密排列，叶色翠绿，叶表光滑，被一层薄薄的白霜；伞状花序顶生，下垂，花 5 瓣，花丝粉色，花药浅黄色。

天使之泪

别名 美人之泪　　属名 景天属

原产地 墨西哥

喜光，盛夏适当遮阴

生长适温为 10 ~ 32℃

干透浇透，避免积水

每月施薄肥 1 次

形态特征

植株直立生长，多分枝，可形成群生状；叶片肥厚，倒卵形，密生于茎端，叶面光滑，叶背突起呈圆润状，叶色翠绿至嫩黄绿，初微被白霜，老叶白霜掉落后呈光滑状；花成簇开放，钟形，黄色。

锦晃星

别名 金晃星　属名 石莲花属

原产地 墨西哥

- 喜光，稍耐半阴
- 最低生长温度为 10℃
- 适量浇水，忌积水
- 每半月施薄肥 1 次

形态特征

茎呈细圆棒状，幼时绿色，后逐渐变成棕褐色；叶片肉质、肥厚，倒卵状披针形，密被细短的白色绒毛，光照足、温差大的条件下，叶缘及先端会变成亮丽的红色；花鲜红色，5 瓣。

养护须知

锦晃星叶片青翠碧绿，红色边缘鲜艳夺目，可作为盆栽用来装饰阳台或放于书桌、茶几等处，都有不错的观赏价值。种植锦晃星宜用疏松透气、排水性及保水性良好的土壤，盆土可选腐叶土、花园土和粗砂搭配，还可加入少量草木灰和骨粉。

锦司晃

别名 多毛石莲花　　属名 石莲花属

原产地 墨西哥

- 喜光，盛夏适当遮阴
- 生长适温为 18 ~ 28℃
- 夏季少浇水，忌积水
- 每半月施薄肥 1 次

形态特征

莲座叶盘无茎，老株易丛生；叶片肉质，密被细短绒毛，卵形，有小钝尖，呈莲座状排列，叶片正面微凹、背面圆突，叶绿色，叶端可变成红褐色；花序较长，可达 20 ~ 30 厘米，花小而繁多，黄红色。

雪莲

别名 无　　属名 石莲花属

原产地 墨西哥

- 喜光，也耐半阴
- 生长适温为 5 ~ 25℃
- 生长期适量浇水
- 生长期每月施肥 1 次

形态特征

成株直径一般为 10 ~ 15 厘米；叶片肉质、肥厚，倒卵形，顶端微尖或圆钝，叶面平坦或稍有凹陷，叶片灰绿色，被浅蓝色或白色霜粉；总状花序，有花 10 ~ 15 朵，花红色或橙红色。

黑王子

别名 无　属名 石莲花属

原产地 墨西哥

喜光，日照要充足

最低生长温度为 5℃

每 10 天浇水 1 次

每月施磷钾薄肥 1 次

形态特征

植株有短茎，株幅直径可达 20 厘米；叶片肉质，匙形，叶端有小尖，排列成标准的莲座状，叶色黑紫，生长期或光照不足时，叶片中间为深绿色；聚伞花序，花较小，颜色为红色或紫红色。

花月夜

别名 红边石莲花　属名 石莲花属

原产地 墨西哥

喜光，日照要充足

生长适温为 18 ~ 25℃

生长期保持盆土稍湿润

每月施薄肥 1 次

形态特征

有厚叶型和薄叶型两种；一般为单株状态，可形成群生；叶片肉质，匙形，叶面平坦或微向内凹，排列成莲座状，叶淡蓝绿色，光照充足时，叶缘及叶尖可变成红色；花为铃铛状，黄色。

紫珍珠

别名 纽伦堡珍珠　　属名 石莲花属

原产地 德国

喜光，忌烈日暴晒

生长适温为 15 ~ 25℃

生长期保持盆土稍湿润

生长期每 20 天施肥 1 次

形态特征

植株中小型；叶片肉质，匙形，正面微凹，排列成紧密的莲座状，叶片粉紫色，叶缘粉白色，生长季及光照不足时为灰绿色或深绿色，叶面微被白霜；花序簇状，花色为略带紫色的橘色。

养护须知

为了防止紫珍珠徒长，也为了让其叶色更加漂亮，可以将其放在阳光充足且温差较大的环境中进行养护。还要注意，浇水时不要过量，以免植株根部积水，黄叶、烂根等现象的出现。经验不足的新手可以选择透气性较好的红陶盆来种植紫珍珠。

露娜莲

别名 鲁娜莲 属名 石莲花属

原产地 美国加利福尼亚州

喜光，忌烈日暴晒

生长适温为 15 ~ 28℃

生长期适度浇水

每月施薄肥 1 次

形态特征

为丽娜莲和静夜的杂交品种；株高 5 ~ 7 厘米，老株莲座直径可达 20 厘米；叶片卵圆形，有小尖，叶面被白霜，灰绿色，光照充足时，可变成淡粉色或淡紫色；聚伞花序，小花淡红色。

吉娃莲

别名 吉娃娃 属名 石莲花属

原产地 墨西哥

喜光，夏季适当遮阴

生长适温为 15 ~ 28℃

适量浇水，忌积水

每月施稀薄液肥 1 次

形态特征

株型较小，无茎；叶片肉质，卵形，叶尖明显，排列成紧密的莲座状，叶片蓝绿色，被一层厚厚的白霜，光照充足时，叶尖呈深粉红色或玫瑰红色；穗状花序，先端弯曲，小花钟状，红色。

特玉莲

别名 特叶玉蝶　属名 石莲花属

原产地 美国加利福尼亚州

- 喜光，日照要充足
- 最低生长温度为 5℃
- 每 10 天浇水 1 次
- 每月施磷钾薄肥 1 次

形态特征

植株高可达 15 ~ 30 厘米，植株直径可达 20 ~ 30 厘米；叶片肉质，基部匙形，叶缘向下反卷，叶端有小尖，蓝绿色至灰白色，被厚厚的白霜；拱形总状花序，花冠呈五边形，花色为明亮的橙红色。

养护须知

特玉莲叶型奇特，光照充足时叶缘可呈淡粉色，观赏价值较高，可作为盆栽点缀于书案、餐桌等处，颇具特色。种植时宜选用排水性、透气性俱佳的沙质土壤，可掺入适量河沙和煤渣等。发现干枯老叶，要及时摘除，以免堆积导致细菌和蚧壳虫滋生。

罗密欧

别名 金牛座　　属名 石莲花属

原产地 德国

喜光，也耐半阴

生长适温为 10 ～ 25℃

干透浇透，避免积水

每月施磷钾薄肥 1 次

形态特征

株型端庄，易群生；叶片肥厚，匙形，先端渐尖，排列成莲座状，叶面光滑，新叶红绿相间，光照足、温差大时，叶色可变成酒红色；聚伞状圆锥花序，花小，筒状，外部粉色，内部橙红色。

女雏

别名 红边石莲　　属名 石莲花属

原产地 园艺品种

喜光，忌烈日暴晒

生长适温为 15 ～ 25℃

干透浇透，避免积水

每月施稀薄液肥 1 次

形态特征

株型小巧，易群生；叶片肉质，长匙形，叶端小尖明显，呈莲花状紧密排列，叶片淡绿色，光照足、温差大时，叶尖及叶缘可变成艳丽的粉红色；穗状花序从叶腋中抽出，小花倒吊钟形，黄色。

黑兔耳

别名 巧克力兔耳　　属名 伽蓝菜属

原产地 中美洲

- 喜光，也耐半阴
- 最低生长温度为 2℃
- 夏季减少浇水
- 每月施稀薄液肥 1 次

形态特征

为月兔耳的栽培品种；植株直立生长，易分枝；株高 80 厘米；叶片短小、厚实，长梭形，密被银白色茸毛，叶片微向里凹，对生，叶色灰绿至灰褐，叶缘及叶尖有深褐色斑点；花 4 瓣，红色。

千兔耳

别名 无　　属名 伽蓝菜属

原产地 马达加斯加岛

- 喜光，日照要充足
- 最低生长温度为 2℃
- 夏季减少浇水
- 每月施稀薄液肥 1 次

形态特征

植株中小型，茎干易木质化；叶片肉质，卵形，叶缘带有明显的锯齿，叶对生，叶表被白色的细短茸毛，光照充足时，叶片为白色，光照不足时，为绿色；聚伞花序，花较小，白色。

褐斑伽蓝

别名 月兔耳　属名 伽蓝菜属

原产地 马达加斯加岛

喜光，夏季适当遮阴

最低生长温度为 10℃

生长期保持盆土稍微湿

每月施薄肥 1 次

形态特征

植株中性，直立生长，多分枝，密被银白色茸毛；叶片肉质，长梭形，叶缘有褐色斑纹，似兔耳，叶对生，叶色灰绿；聚伞形圆锥状花序，花序较高，花较小，管状，白粉色，有 4 瓣。

养护须知

月兔耳毛茸茸的叶片非常可爱，适合作为盆栽摆放于阳台、门廊、窗台等处，也可放在电视和电脑旁，别有情趣。种植盆土可用泥炭土加入少量珍珠岩、煤渣等混合配制。繁殖方式可选枝插，宜于春秋两季进行，每 1 ~ 2 年可换盆、土 1 次。

江户紫

别名 斑点伽蓝菜　　属名 伽蓝菜属

原产地 索马里、埃塞俄比亚

喜光，也耐半阴
生长适宜温度为 18~23℃
生长期保持盆土稍稍湿润
每月施腐熟稀薄液肥 1 次

形态特征

植株呈灌木状，基部多分枝；茎直立生长，圆柱形；叶肉质，无柄，倒卵形，交互对生，叶缘带有不规则波状钝齿，叶片微被白霜，蓝灰色至灰绿色，叶表有红褐色至紫褐色斑点或晕纹；聚伞花序，花心形，白色。

巴

别名 无　　属名 青锁龙属

原产地 南非

喜光，忌强光直射
生长适温为 10 ~ 25℃
保持土壤湿润，忌积水
春秋两季稍施腐熟复合肥

形态特征

植株有短茎，基部易生侧芽；叶片肉质，半圆形，有椭圆形叶尖，交互对生，层层叶片上下交叠，排成“十”字形，叶色绿，叶缘有白色短茸毛，叶面生有粗糙的细小疣突；聚伞花序，花较小，白色。

神刀

别名 尖刀　属名 青锁龙属

原产地 南非

喜光，夏季适当遮阴

最低生长温度为 5℃

保持土壤湿润

生长期每月施稀薄液肥 1 次

形态特征

植株高可达 1 米以上；茎直立，分枝少；叶片肥厚，尖刀状，无叶柄，贴紧茎干对称长出，基部叶片较小，向上逐渐变大，叶片灰绿色；伞房状聚伞花序，小花多数，橘红色或深红色。

赤鬼城

别名 无　属名 青锁龙属

原产地 南非

喜光，忌烈日暴晒

最低生长温度为 4℃

保持盆土湿润，忌积水

每月施稀薄液肥 1 次

形态特征

为亚灌木，但植株不易长高；叶片呈狭长的三角状，无叶柄，基部连在一起，排列成紧密的“十”字形，新叶色绿，老叶会变成褐色，光照足、温差大时，整体可变成紫红色；球状花序顶生，小花星形，白色。

筒叶花月

别名 吸财树　属名 青锁龙属
原产地 南非

- 喜光，忌烈日暴晒
- 最低生长温度为 5℃
- 盛夏减少浇水
- 每月施稀薄液肥 1 次

形态特征

植株多分枝，茎粗壮，圆柱形，黄褐色或灰褐色；叶片肉质，圆筒状，叶端呈斜的截形，叶互生，簇生于枝干顶端，叶色鲜绿，有光泽，冬季叶片截面边缘可变成红色；花星状，淡粉白色。

养护须知

筒叶花月叶形独特，观赏性很高，是理想的室内观叶植物，具有古朴典雅的气息。如果光照充足，筒叶花月的株型会更加紧凑，叶片也会泛红，叶端截面更是艳丽。种植时的盆土宜选肥沃疏松、透气性较好的酸性土壤。植株长到一定程度时，注意更换盆器和土壤。

松之银

别名 无　属名 青锁龙属

原产地 南非

喜光，忌烈日暴晒

最低生长温度为 5℃

保持盆土湿润，忌积水

每月施稀薄液肥 1 次

形态特征

植株基部易生侧芽，呈群生状；叶片肉质，卵状长三角形，没有叶柄，基部相连，呈“十”字形排列，新叶绿色，老叶暗褐色，叶片正反两面均布满白色斑点，叶缘生有白色细短茸毛；花较小，白色。

火祭

别名 秋火莲　属名 青锁龙属

原产地 南非

喜光，日照要充足

最低生长温度为 5℃

每 10 天浇透 1 次

每月施磷钾薄肥 1 次

形态特征

植株丛生，茎直立生长或匍匐生长；叶片肉质，宽卵圆形，先端尖，交互对生，排列紧密，呈四棱状，光照足、温差大的条件下，叶片呈鲜艳的深红色，光照不足时则为绿色；聚伞花序，花星状，黄白色。

御所锦

别名 褐斑天锦章　　属名 天锦章属

原产地 南非

- 喜光，夏季适当遮阴
- 最低生长温度为 7℃
- 保持土壤稍湿润，忌积水
- 每月施复合肥 1 次

形态特征

植株矮小，匍匐生长；茎短；分枝少；叶片肉质，肥厚，倒卵状，叶端扁圆，基部渐窄，叶缘较薄且有白色角质物，叶片绿色、灰绿色至灰褐色，叶表有紫褐色斑点，光照足时，叶缘呈紫红色；花圆柱形，白色或淡粉色。

熊童子

别名 绿熊　　属名 银波锦属

原产地 南非

- 喜光，夏季适当遮阴
- 最低生长温度为 5℃
- 盛夏减少浇水
- 每月施腐熟稀薄液肥 1 次

形态特征

植株多分枝，高约 30 厘米；茎绿色，圆柱形，被茸毛；叶片肥厚，扁匙状，叶端有缺刻，呈红色爪样齿，形似熊掌，叶表绿色，密被白色细短茸毛；二歧聚伞花序，花冠橙红色，花瓣外翻，黄色。

黑法师

别名 紫叶莲花掌　属名 莲花掌属

原产地 摩洛哥

- 喜光，稍耐半阴
- 最低生长温度为 5℃
- 盛夏减少浇水
- 每月施稀薄液肥 1 次

形态特征

植株多分枝，茎粗壮；圆筒形，老茎木质化；叶片肉质，较薄，倒长卵形或倒披针形，叶端有小尖，叶缘有短小白色细齿，叶片排列成莲座状叶盘；叶色黑紫，光照不足时为绿色；总状花序，小花黄色。

养护须知

黑法师株型优美，紫黑色叶片很是独特，观赏价值较高，作盆栽摆放于室内，可营造优雅的格调。黑法师叶片本身颜色较深，吸热性较强，因此要注意避免光照时间太长，以免叶片变软。黑法师在夏季会进入休眠期，此时底部叶片会掉落，属正常现象。

红缘莲花掌

别名 红缘长生草　　属名 莲花掌属

原产地 加那利群岛

喜光，也耐半阴

最低生长温度为 5℃

夏季少浇水，冬季保持干燥

生长期每半月施稀薄液肥 1 次

形态特征

植株多分枝，高 25 ~ 50 厘米；叶片肉质，倒卵形，叶端有小尖，于枝干顶端排列成莲座状，叶片淡蓝绿色，被白霜，叶缘有细锯齿，红色至红褐色；聚伞花序，花浅黄色，有时带红晕，花后植株枯死。

艳日辉

别名 清盛锦　　属名 莲花掌属

原产地 加那利群岛

喜光，忌强光直射

生长适温为 15 ~ 25℃

生长期充分浇水

生长期每半月施薄肥 1 次

形态特征

植株多分枝，易群生；叶片肉质，倒卵圆形，叶端尖，排列成莲座状，叶面中央微向里凹，背面有突起，新叶淡黄色，逐渐变成黄绿色至绿色，叶缘红色，有细齿，光照足时叶片可变成红色；总状花序，花白色。

蛛丝卷绢

别名 蛛网卷绢　　属名 长生草属

原产地 欧洲

- 喜光，夏季适当遮阴
- 生长适温为 15 ~ 25℃
- 干透浇透，避免积水
- 生长期每月施薄肥 1 次

形态特征

植株低矮，贴地生长，单株直径1.5 ~ 3.5厘米；叶片肉质，呈扁平细长的竹片形，环生，紧密排列成莲座状，近似球形，叶色嫩绿，叶端生有白丝，像蜘蛛网般缠绕在一起；花淡粉色，有深色条纹。

红卷绢

别名 紫牡丹　　属名 长生草属

原产地 欧洲

- 喜光，夏季适当遮阴
- 最低生长温度为 5℃
- 不干不浇，浇则浇透
- 每 20 天施腐熟稀薄液肥 1 次

形态特征

植株低矮，呈丛生状；叶片肉质，匙形或长倒卵状，排列成紧密的莲座状，叶片绿色或红色，光照足时，可变成紫红色，叶缘和叶尖密生白色短丝毛；花淡粉红色。

银星

别名 无　　属名 风车草属

原产地 南非

- 喜光，忌烈日暴晒
- 生长适温为 18 ~ 24℃
- 夏季减少浇水
- 生长期每月施薄肥 1 次

形态特征

植株直径较大，可达 10 厘米，老株易丛生；叶片肉质，长卵形，层层叶片排列成紧密的莲座状，叶青绿色中略带红褐色，叶面光滑，叶尖褐色，长须状，可达 1 厘米；花序从叶盘中抽出，花 5 瓣，白粉色。

养护须知

银星叶形优美，颇具观赏价值，宜作盆栽。盆土以肥沃、疏松及排水性较好的沙壤土为宜。银星喜欢温暖干燥和阳光充足的环境，耐干旱和半阴，不可以放在强光下暴晒，浇水也要适量，避免根部积水；不耐寒，冬季温度应该保持在 10℃以上。

胧月

别名 宝石花　属名 风车草属

原产地 墨西哥

喜光，夏季适当遮阴

最低生长温度为 5℃

每 10 天浇水 1 次

每 3 个月施长效肥 1 次

形态特征

植株基部多分枝，呈丛生状，茎匍匐或下垂；叶片肉质，广卵形，叶端尖，簇生于茎顶，排列成莲座状，叶片密被白粉，灰蓝色或灰绿色，光照足时可变成淡粉色或淡紫色；簇状花序，花星形，5 瓣，乳白色。

姬胧月

别名 粉莲　属名 风车草属

原产地 墨西哥

喜光，忌烈日暴晒

最低生长温度为 0℃

夏季减少浇水

生长期每 20 天施稀薄液肥 1 次

形态特征

植株基部多分枝，呈丛生状；叶片肉质、肥厚，瓜子形，叶端尖，叶面蜡质，被白霜，排列成莲座状，叶片平时为绿色，光照时，可变成朱红色带点褐色；簇状花序，小花星状，黄色，有 5 瓣。

星美人

别名 白美人　属名 厚叶草属

原产地 墨西哥

- 喜光，稍耐半阴
- 最低生长温度为 5℃
- 干透浇透，避免积水
- 生长期每月施薄肥 1 次

形态特征

植株初具直立短茎，后茎匍匐至下垂；叶片肉质，椭圆形，叶端圆钝，无叶柄，互生，呈延长的莲座状排列，叶面平滑，密被白霜，灰绿色中泛蓝，光照充足时叶缘和叶尖带有红晕；花椭圆形，红色至紫红色。

桃美人

别名 无　属名 厚叶草属

原产地 欧洲

- 喜光，忌烈日暴晒
- 最低生长温度为 5℃
- 每月浇水 3 ~ 4 次
- 每月施复合肥 1 次

形态特征

植株直立，茎短且粗；叶片肉质，倒卵形，叶端平滑，略有钝尖，互生，排列成松散的莲座状，叶面被浓厚白霜，光照充足时叶色可变成淡粉色或淡紫色；穗状花序，花红色，倒钟形。

子持莲华

别名 子持年华　属名 八宝属

原产地 日本、俄罗斯

- 喜光，夏季适当遮阴
- 最低生长温度为 0℃
- 夏季控制浇水
- 每月施薄肥 1 次

形态特征

植株有匍匐茎，易萌生侧芽，呈群生状；叶片肉质，半圆形或长卵形，排列成莲座状，叶表面略被白霜，蓝绿色；圆锥花序顶生，小花椭圆形，淡黄色或白色，有香气，花后植株枯萎。

养护须知

子持莲华喜光照充足的环境，若光照不足，叶片会拉长，株型变得松散。冬季浇水可在临近中午天气较暖和时进行。夏季浇水可在傍晚，天气较凉爽时进行。冬季温度保持在 0℃以上，植株都会继续生长，-3℃以上就可以安全越冬。

第三章

番杏科多肉植物

番杏科的植物叶片都有不同程度的肉质化，其中生石花属、肉锥花属、对叶花属等多肉植物的叶片更是极端肉质化，深受“肉友们”的喜爱。此外，日中花属、棒叶花属、露子花属、快刀乱麻属、鹿角海棠属等多肉植物也各有特色。该科多肉植物的养护和繁殖都不太难，生长速度也很快。

帝玉

别名 无　属名 对叶花属

原产地 南非

- 喜光，忌烈日暴晒
- 生长适温为 18 ~ 24℃
- 生长期干透浇透
- 生长期每月施肥 1 次

形态特征

植株无茎，状似元宝；叶片极端肉质化，卵形，交互对生，基部联合，叶表平坦，叶背突起，叶外缘钝圆，叶面灰绿色，上有很多透明的小斑点，新叶长出后，植株下部老叶枯萎；花有短梗，橙黄色。

养护须知

帝玉的繁殖方法可选播种和扦插。播种后，在 20 ~ 24℃的条件下，大约 10 天小苗就会长出来。扦插介质宜选细砂或珍珠岩，在 15 ~ 25℃的条件下，扦插小苗一至两周就可生根。冬季温度只要保持在 10℃以上，植株就能正常生长，浇水便可如常，可以不用施肥。

紫勋

别名 无　　属名 生石花属

原产地 南非

喜光，日照要充足

生长适温为 15 ~ 30℃

见干见湿，避免积水

生长期每月施稀薄液肥 1 次

形态特征

植株易群生；对生叶极端肉质化，组成倒圆锥体，顶端平坦或略圆凸，两叶片之间有一道很深的裂缝，叶顶部窗面颜色可见灰黄色、咖啡色微带红褐色、淡绿色微带深绿色斑点等；花金黄色或白色。

日轮玉

别名 无　　属名 生石花属

原产地 南非

喜光，忌强光直射

生长适温为 20 ~ 24℃

生长期每 3 ~ 5 天浇水 1 次

生长期每月施肥 1 次

形态特征

植株易群生；单株为一对对生叶组成的倒圆锥体，叶表颜色深浅不等，基本色为褐色，上有深色斑点，窗面光滑，花纹呈阳光状散射；花以黄色为多，也可见白色花，直径约 2.5 厘米。

花纹玉

别名 无　属名 生石花属

原产地 南非

喜光，日照要充足

生长适温为 10 ~ 30℃

初夏至秋末浇水要充分

生长期每月施肥 1 次

形态特征

植株易群生，株型相对较大，株高可达 4 厘米；对生叶极端肉质化，基部联合，形成倒圆锥体，叶体淡褐色或灰白色，窗面平坦，有深褐色下凹纹路；花单生，直径 2.5 ~ 4 厘米，雏菊状，白色。

李夫人

别名 无　属名 生石花属

原产地 南非

喜光，日照要充足

生长适温为 10 ~ 30℃

初夏至秋末浇水要充分

生长期每月施肥 1 次

形态特征

植株易群生，单株高约 3 厘米；对生叶极端肉质化，呈球果状，叶片顶端的窗面平坦、光滑，上面的斑点、纹路颜色不一，两叶片间有较深的中缝；花从叶缝中开出，较小，雏菊状，白色。

少将

别名 无　属名 肉锥花属

原产地 南非

喜光，也耐半阴

生长适温为 18 ～ 24℃

不干不浇，浇则浇透

生长期每月施肥 1 次

形态特征

植株分枝多，呈丛生状；叶片肉质、肥厚，呈扁心形，基部合生，顶部鞍形，有“V”形中缝，叶端钝圆，叶淡黄绿色，叶顶部边缘略微泛红；花从中缝开出，单生，雏菊状，黄色。

心叶日中花

别名 露草　属名 日中花属

原产地 非洲南部

喜光，日照要充足

生长适温为 15 ～ 25℃

保持盆土湿润即可

早春施低氮素肥 1 次

形态特征

茎斜卧生长，呈铺散状；分枝略显肉质，无毛，有小颗粒状突起；叶片肥厚，心状卵形，叶端急尖或圆钝带凸尖头，有短叶柄，叶片对生，翠绿色；花单个顶生或腋生，花紫红色，花瓣匙形。

刺叶露子花

别名 雷童　属名 露子花属

原产地 南非

喜光，日照要充足

生长适温为 15 ~ 25℃

保持盆土稍干燥

生长期每月施肥 1 次

形态特征

植株呈灌木状，分枝密集，新枝淡绿色，老枝灰褐色；叶片肉质，卵圆状半球形，基部合生，叶暗绿色，叶表有白色半透明的刺状小突起；花单生，腋生或顶生聚伞花序，有短梗，白色或淡黄色。

养护须知

刺叶露子花枝叶繁茂，青翠可人，适合作为盆栽点缀于窗台、居室等处。其生性强健，容易养护，生长季节可充分接受光照，夏季高温注意遮阴，冬季低温时注意防冻即可。种植盆土宜选疏松肥沃的沙壤土，少量浇水。若分枝过于繁多，可适当修剪。

五十铃玉

别名 橙黄棒叶花　　属名 窗玉属

原产地 非洲南部

喜光，日照要充足

生长适温为 15 ~ 30℃

生长期适当浇水

每年施肥 5 ~ 6 次

形态特征

植株密集丛生，株高约 5 厘米；无茎或茎极短；叶高度肉质化，棍棒状，垂直生长，叶上部较粗，叶端稍圆凸，叶色淡绿至灰绿，基部泛红，叶顶部窗面透明，蜡质；花较大，橙黄色至金黄色。

快刀乱麻

别名 无　　属名 快刀乱麻属

原产地 南非

喜光，忌烈日暴晒

生长适温为 15 ~ 25℃

见干见湿，避免积水

每半月施腐熟液肥 1 次

形态特征

植株呈灌木状；茎有短节，分枝较多；叶片肉质，细长侧扁，叶端两裂，叶缘外侧呈圆弧状，好像一把刀，叶对生，集中生长在分枝顶端，叶色淡绿至灰绿；花大，直径约 4 厘米，黄色。

美丽日中花

别名 松叶菊　属名 松叶菊属

原产地 非洲南部

喜光，日照要充足

生长适温为 15 ~ 25℃

保持盆土稍干燥

每半月施稀薄液肥 1 次

形态特征

植株匍匐生长，分枝多，呈丛生状；叶肥厚多汁，三棱状线形，有圆凸尖头，基部抱茎，对生，叶片绿色，被白粉，上有透明小点；花单生于枝端，颜色多，紫红色至白色，花瓣多数，线形。

紫晃星

别名 紫星光　属名 仙宝属

原产地 南非

喜光，忌烈日暴晒

生长适温为 15 ~ 25℃

不干不浇，浇则浇透

每半月施稀薄液肥 1 次

形态特征

植株灌木状，肉质根肥厚粗壮，具浅黄色表皮；叶肉质，棒状或纺锤形，叶端尖，并生有 20 ~ 25 根白色刚毛，叶对生，绿色，表面布满密集的小疣突；花较大，直径约 4 厘米，淡紫红色。

鹿角海棠

别名 熏波菊　属名 鹿角海棠属

原产地 非洲西南部

- 喜光，夏季适当遮阴
- 生长适温为 15 ~ 25℃
- 不干不浇，浇则浇透
- 春秋两季每月施肥 1 次

形态特征

植株高 25 ~ 35 厘米，分枝多，老枝灰褐色，木质化，全株密被细短茸毛；叶高度肉质化，半月形，三棱状，叶背有龙骨状突起，叶色粉绿至灰绿，叶尖微带粉红色；花顶生，大型，花瓣白色或粉色。

养护须知

鹿角海棠叶形、叶色均具较高观赏价值，非常适合室内盆栽。其养护和繁殖也较容易，适宜种植在排水性良好、疏松透气的沙壤土中，繁殖可选播种和枝插。鹿角海棠怕高温、不耐寒，夏季要注意遮阴，以免叶表皱缩，冬季温度保持在 15℃以上。

第四章 百合科多肉植物

百合科多肉植物大多是草本植物，少数呈灌木状，常见的有芦荟属、十二卷属、鲨鱼掌属等。该科多肉植物大小不等，叶形、叶色多姿多彩，既可做小型盆栽装点居室，也可植于庭院内做绿化植物。这一科的多肉植物，其养护难度及方法虽然各有差别，但总体上都是喜温暖、怕高温、不耐寒。

不夜城芦荟

别名 不夜城　　属名 芦荟属

原产地 南非

喜光，日照要充足

生长适温为 20℃左右

不干不浇，浇则浇透

每半月施薄肥 1 次

形态特征

植株单生或丛生；叶片肉质、肥厚，披针形，幼苗时互生，成株则变为轮状互生，叶缘长有锯齿状肉质刺，叶面及叶背有散生的淡黄色肉质凸起；总状花序较松散，小花筒形，橙红色。

养护须知

不夜城芦荟株型紧凑雅致，叶片青翠盎然，适合作为中小型盆栽，用以装饰窗台、几案等处。种植土壤宜选疏松透气、排水良好的沙质土壤，可用腐叶土、沙土、园土配制，还可加入少量腐熟的骨粉或草木灰作基肥。不夜城芦荟每隔一年应更换盆土一次。

多叶芦荟

别名 芦荟女王　属名 芦荟属

原产地 非洲东南部

喜光，日照要充足

生长适温为 15 ~ 20℃

夏季多浇水，忌积水

每半月施发酵的有机肥 1 次

形态特征

植株多单生，无茎；叶片基部较宽，向叶尖处逐渐变窄，整个呈三角形，按顺时针或逆时针排列成螺旋形莲座，叶缘有不规则锯齿，叶片绿色，叶尖褐色；花茎高，花色可见红色、肉粉色或黄色。

折扇芦荟

别名 扇芦荟　属名 芦荟属

原产地 南非

喜光，夏季适当遮阴

生长最低温度为 10℃

耐干旱，忌积水

每半月施稀薄液肥 1 次

形态特征

灌木或小乔木；植株高可达 3 ~ 5 米，茎分叉；叶片肉质、肥厚，长舌状，叶端圆钝，对生于茎顶，两列排成折扇状，叶片暗绿色或灰绿色，有透明汁液；总状花序，花猩红色，略肉质。

千代田锦

别名 什锦芦荟　　属名 芦荟属

原产地 非洲南部

- 耐半阴，忌烈日暴晒
- 生长适温为 10 ~ 25℃
- 生长期保持盆土湿润
- 每 10 天施腐熟稀薄液肥 1 次

形态特征

植株高约 25 厘米，有短茎；叶片三角剑形，旋叠状向上生长，呈三出覆瓦形排列，叶面深凹成“V”字形，叶缘生有密集的短细白色肉质刺，叶深绿色，上有不规则排列的银白色斑纹；总状花序，花筒状，橙黄色或橙红色。

翡翠殿

别名 无　　属名 芦荟属

原产地 南非

- 喜光，也耐半阴
- 生长适温为 20 ~ 30℃
- 生长期浇水要充分
- 每半月施发酵的有机肥 1 次

形态特征

植株高 30 ~ 40 厘米，株幅约 20 厘米；叶片三角形，呈螺旋状互生，排列成紧密的莲座状，叶淡绿色至黄绿色，叶缘有白色锯齿状刺，叶面和叶背生有不规则白点；总状花序，花较小，橙黄色或橙红色。

琉璃姬孔雀

别名 羽生锦　属名 芦荟属

原产地 马达加斯加

- 喜光，也耐半阴
- 最低生长温度为 8℃
- 盆土干后再浇水
- 生长期每半月施薄肥 1 次

形态特征

植株高约 6 厘米，单株株幅约 10 厘米；无茎，根细；叶片肉质，剑形，长约 4 厘米，密集丛生，排列成莲座状，叶深绿色，叶表生有密集白色毛刺；总状花序顶生，长可达 30 厘米，花筒状，橙色。

养护须知

琉璃姬孔雀看起来毛茸茸的，很是可爱，并且在光照充足、温差较大的条件下，其叶片可变成红色，更是漂亮，很有观赏价值。琉璃姬孔雀喜光，因此在养护的过程中，要将其放到光线较好的地方。其耐旱性不错，所以盆土不要过湿，更不能积水。

卧牛

别名 无　属名 鲨鱼掌属

原产地 南非

喜光，忌强光直射

生长适温为 18 ~ 21℃

春秋两季每周浇水 1 次

每月施肥 1 次

形态特征

植株无茎；叶片肥厚、质硬，舌状，叶端有尖，幼株时两列叠生，成株叶片排列成莲座状，叶片绿色或墨绿色，略有光泽，叶表生有白色小疣，叶背有明显的龙骨突；总状花序，花小，筒状，下垂。

子宝

别名 元宝花　属名 鲨鱼掌属

原产地 南非

喜半阴，避免阳光直射

最低生长温度为 15℃

不干不浇，浇则浇透

每月施有机肥 1 次

形态特征

植株较矮，形似元宝，易发生锦斑变异；叶片肉质、肥厚，舌状，长 2 ~ 5 厘米，叶表光滑，上面生有白色斑点，叶片绿色，经暴晒后可变成红色；花茎从叶片根部伸出，花较小，颜色多为红绿色。

玉露

别名 无　属名 十二卷属

原产地 南非

喜光，不耐阴

最低生长温度为 15℃

不干不浇，浇则浇透

每月施有机肥 1 次

形态特征

植株幼时为单生，随着生长逐渐变成群生；叶片肥厚饱满，呈莲座状排列，叶色翠绿，叶端透明或半透明，称作“窗”，上有深色的线状脉纹，光照足时脉纹可变为褐色，叶端有细小须毛；总状花序，小花白色。

水晶掌

别名 宝草　属名 十二卷属

原产地 南非

喜光，忌烈日暴晒

生长适温为 20 ~ 25℃

生长期保持盆土湿润

每月施稀薄复合肥 1 次

形态特征

植株小型，无明显地上茎；叶片肉质、肥厚，三角状卵形，呈莲座状紧密排列，叶片左右两侧各有一道不太明显的纵棱，叶片为淡翠绿色，叶表有白色线状条纹，叶缘有茸毛状细锯齿；花葶纤细，花极小。

玉扇

别名 截形瓦苇　　属名 十二卷属

原产地 非洲南部

喜充足柔和的阳光

生长适温为 10 ~ 25℃

保持盆土湿润，忌积水

每 20 天施稀薄液肥 1 次

形态特征

植株矮小，无茎；叶片肉质，直立生长，略向内弯，顶部稍凹陷，呈截面状，对生，排列成扇形，叶片绿色至暗绿褐色，叶表有小疣状突起，截面可有白色透明纹路；总状花序，花筒状，白色。

万象

别名 毛汉十二卷　　属名 十二卷属

原产地 南非

喜光，盛夏适当遮阴

最低生长温度为 5℃

干透浇透，忌积水

生长期每月施肥 1 次

形态特征

植株低矮，无茎；叶片肉质，半圆筒形，似象腿，从基部斜向上生出，呈松散的莲座状排列，叶片顶端截形，透明或半透明，叶表粗糙，有闪电状纹路，叶色绿，日晒后可变成褐绿色；总状花序，小花白色，有绿色中脉。

条纹十二卷

别名 条纹蛇尾兰　属名 十二卷属

原产地 非洲南部

- 喜光，夏季适当遮阴
- 生长适温为 16 ~ 20℃
- 干透浇透，避免积水
- 生长期每 3 周施肥 1 次

形态特征

植株无茎，可成群生状；叶片肥厚，三角状披针形，紧密轮生，排列成莲座状，叶面扁平、光滑，叶背呈龙骨状，上有横生的白色瘤状突起，形成横向条纹；总状花序，花筒状或漏斗状，白色。

养护须知

条纹十二卷叶表的白色条纹与深绿色的叶面交相辉映，观赏价值很高，可将其与造型独特的盆器相搭配，点缀于窗台等处。盆土宜选沙壤土，以利于排水、透气。盆栽要放置在光线充足处，以避免叶片退化萎缩。浇水或施肥时注意不要打湿植株。

琉璃殿

别名 旋叶鹰爪草　属名 十二卷属

原产地 南非

喜光，也耐半阴

生长适温为 18 ~ 24℃

盆土保持湿润即可

每月施肥 1 次

形态特征

株幅 8 ~ 15 厘米，状似旋转的风车；叶卵圆状三角形，叶端急尖，组成螺旋状排列的莲座状叶盘，叶面下凹，叶背有明显的龙骨突，叶深绿或灰绿，叶表有由无数小疣组成的突起横条；总状花序，花白色，有绿色中脉。

琉璃殿锦

别名 无　属名 十二卷属

原产地 南非

喜光，夏季适当遮阴

生长适温为 18 ~ 24℃

干透浇透，避免积水

每月施肥 1 次

形态特征

为琉璃殿的斑锦品种；叶卵圆状三角形，全部向同一侧偏转，排列成莲座状叶盘，叶先端渐尖，正面凹，背面突，叶深绿色，间有黄白色条纹，叶表有由许多小疣组成的瓦楞状横条纹；总状花序，花白色。

九轮塔

别名 霜百合　属名 十二卷属

原产地 非洲西南部

- 喜光，日照要充足
- 最低生长温度为 5℃
- 不干不浇，浇则浇透
- 每年施肥 2 ~ 3 次

形态特征

植株呈柱状，茎短，直立生长；叶片肥厚，叶端渐尖，并向内侧弯曲，呈轮状抱茎，叶背有无数纵向排列的白色疣点，叶片一般为深绿色，经日晒可变成紫红色；总状花序，花管状，淡粉色或白色。

养护须知

九轮塔适合用小型盆器栽种，可陈设于桌面、案头、窗台等处。种植盆土可用腐叶土加河沙等配制。九轮塔的生长速度较为缓慢，因此其盆土不必每年都换。繁殖方式可选扦插，于每年 5 月取叶腋或茎基部的侧芽进行扦插，10 天左右即可生根。

第五章 大戟科多肉植物

大戟科多肉植物中既有草本植物，也有灌木状植物，植株体内常有乳状汁液。这类多肉植物的茎或根往往肉质化明显，且形态各不相同，观赏价值较高。常见的大戟科多肉植物包括大戟属、红雀珊瑚属等，其中大戟属的某些植物具有良好的药用价值。需注意的是，该科多肉植物中的某些种类有毒。

铜绿麒麟

别名 铜缘麒麟　属名 大戟属

原产地 南非

喜光，日照要充足

最低生长温度为 10℃

生长期浇水要充分

生长期每半月施薄肥 1 次

形态特征

植株中型，呈灌木状；茎铜绿色，圆柱状，基部分枝多，形成密集的丛生状，茎枝有 4 ~ 5 道棱，棱缘上带有“T”字形红褐色斑块，斑块上生有 4 枚红褐色尖刺，状似狼牙棒；聚伞花序，花黄色。

红麒麟

别名 红刺麒麟　属名 大戟属

原产地 南非

喜光，也耐半阴

生长适温为 10 ~ 25℃

生长期保持盆土稍湿润

每月施稀薄液肥 1 次

形态特征

植株中型，基部有侧生茎，分枝多，呈群生状；茎肉质、肥厚，圆柱状，较粗，有 7 ~ 8 道棱，棱上生有许多不规则的疣状突起，突起上生有长刺，幼株上的长刺为鲜红色，成株上的长刺为红褐色。

狗奴子麒麟

别名 无　属名 大戟属

原产地 非洲

喜光，日照要充足

生长适温为 10 ～ 25℃

生长期适量浇水

每月施薄肥 1 次

形态特征

植株呈灌木状；薯状茎极端肉质化，灰褐色，上有弯弯曲曲的黄色条纹，呈群生状，茎端生有绿色肉质分枝，分枝四棱形，棱缘生有突出的刺座，上有褐色针刺，棱沟里有绿白色晕纹；花从刺座顶端开出，黄色。

旋风麒麟

别名 螺旋麒麟　属名 大戟属

原产地 南非

喜光，也耐半阴

最低生长温度为 10℃

干透浇透，避免积水

每 20 天施腐熟稀薄液肥 1 次

形态特征

植株低矮；分枝有 3 道波浪形棱，呈螺旋状匍匐生长，绿色分枝上生有不规则的黄白色晕纹，棱缘上有对生的尖锐小刺，新刺红褐色；老刺黄褐色至灰白色；小花于分枝上部或顶部开出，黄色。

白桦麒麟

别名 玉鳞凤锦　　属名 大戟属

原产地 南非

喜光，日照要充足

生长适温为 10 ~ 25℃

生长期浇水要充分

每月施薄肥 1 次

形态特征

株高、株幅均为 18 ~ 20 厘米；肉质茎矮小，基部分枝较多，呈群生状，分枝有 6 ~ 8 棱，棱为白色的六角状瘤块；叶片不发育或早落；杯状聚伞花序生于分枝顶端，花红褐色，谢后花梗残留在茎上，似淡黄色短刺。

养护须知

白桦麒麟色彩明快，观赏性较高，适合作小型盆栽装点室内。其养护也很容易，应将其种植在排水性好的盆土中，并置于通风良好、光照充足的环境中。繁殖方式可选扦插，于春末至夏季进行，将枝条伤口晾干后，扦插在松散、干燥的土壤里即可。

麒麟掌

别名 麒麟角　属名 大戟属

原产地 印度

喜光，忌烈日暴晒

生长适温为 22 ～ 28℃

耐旱，宁干勿湿

生长期每月施腐熟矾肥水 1 次

形态特征

植株含有白色剧毒乳汁，幼时绿色，老株黄褐色，并木质化；变态茎肉质，绿色，呈不规则鸡冠状或扁平扇形，茎表面生有稀疏的疣状突起及短而细的黑刺；叶簇生于茎端及边缘；花期在秋季，但很少开花。

魁伟玉

别名 恐针麒麟　属名 大戟属

原产地 南非

喜光，忌烈日暴晒

生长适温为 18 ～ 25℃

生长期保持盆土稍湿润

每月施肥 1 次

形态特征

植株幼时为球形，易群生；肉质茎呈圆筒形，有 10 道以上的突出棱及平行排列的深色横肋，茎绿色，被白粉，棱缘上生有易脱落的红褐色或深褐色硬刺；叶小，早脱落；聚伞花序，花紫红色，盆栽不易开花。

彩云阁

别名 三角大戟　属名 大戟属
原产地 纳米比亚

喜光，也耐半阴
最低生长温度为 5℃
生长期要充分浇水
每半月施腐熟稀薄液肥 1 次

形态特征

植株多分枝；主干较短，周围轮生有肉质分枝，上有 3 ~ 4 道棱，棱缘波浪形，上面生有坚硬短齿，先端有红褐色对生刺，茎表绿色，带有黄白色晕纹；叶片长卵圆形，绿色，生于棱上；杯状聚伞花序，花黄绿色。

红彩云阁

别名 红龙骨　属名 大戟属
原产地 纳米比亚

喜光，日照要充足
最低生长温度为 5℃
生长期浇水要充分
每月施薄肥 1 次

形态特征

为彩云阁的栽培品种，与彩云阁形似，植株多分枝；并于短短的主干四周轮生，有 3 ~ 4 道棱，波浪形棱缘上生有坚硬的短齿，先端有红褐色对生刺，茎表有不规则的白色晕纹；茎叶暗紫红色；聚伞花序，花黄绿色。

虎刺梅

别名 铁海棠　属名 大戟属
原产地 马达加斯加

喜光，也耐阴
最低生长温度为 0℃
耐干旱，浇水不宜多
春季施薄肥 2 ~ 3 次

形态特征

为蔓生灌木植物；茎分枝较多，细圆柱状，有纵棱，上面密生硬而尖的褐色锥状刺，旋转状排列于棱背上；叶倒卵形或长圆状匙形，互生于嫩枝上，深绿色。花序生于枝上部或叶腋，苞片小，肾圆形，红色。

养护须知

虎刺梅茎干密生小刺，花苞片鲜红小巧，形态很是独特，适合种植于庭院内，其栽培也较容易。因为虎刺梅的花开在新枝顶端，因此要想让其多开花，必须进行适当修剪。每个剪口处都可长出两条新枝，等新枝稍长时，便可开花。其修剪频率可每年一次。

琉璃晃

别名 琉璃光　　属名 大戟属

原产地 南非

喜光，日照要充足

生长适温为 15 ~ 25℃

生长期每周浇水 1 次

生长期每月施肥 1 次

形态特征

植株矮小；茎短，球状或圆筒形，绿色，易生侧芽，呈群生状，茎上有 12 ~ 20 条纵向排列的锥状疣突；叶片生于疣突顶端，细小且脱落早；聚伞花序，着生于茎或分枝顶端，花杯状，黄绿色。

光棍树

别名 绿珊瑚　　属名 大戟属

原产地 安哥拉

喜光，日照要充足

生长适温为 25 ~ 30℃

春秋两季 1 ~ 2 天浇水 1 次

生长期 7 ~ 10 天施液肥 1 次

形态特征

植株高可达 2 ~ 9 米；主干呈圆柱状，多分枝，小枝肉质，较细，绿色，对生或轮生；叶片长圆状线形，多生于当年生嫩枝上，脱落早，因此植株多为无叶状态；聚伞花序，生于茎枝顶端，总苞呈陀螺状，花黄白色。

华烛麒麟

别名 蛮烛台 属名 大戟属

原产地 索马里、南非

喜光，日照要充足
生长适温为 10 ~ 25℃
生长期每周浇水 1 次
生长期每月施肥 1 次

形态特征

植株大型，高 10 ~ 20 米；茎肉质，柱状，分枝较多，四棱形或五棱形，中绿色至深绿色，形成宽菱角冠茎，状似烛台或宝塔，棱缘有齿状脊，上面生有一对刺和小叶；花较小，紫红色。

玉鳞宝

别名 松球麒麟 属名 大戟属

原产地 南非

喜半阴，避免阳光直射
生长适温为 10 ~ 25℃
适当浇水，冬季保持干燥
生长期每月施肥 1 次

形态特征

植株匍匐状生长，株高、株幅均为 15 ~ 20 厘米；块状根显著；茎球状或长球状，绿色，老茎变成灰色；细长的枝条生于茎节上，嫩绿色；叶片小，绿色，易脱落，脱落后茎上会留下白色小点痕；聚伞花序，花淡黄色。

布纹球

别名 晃玉　　属名 大戟属

原产地 南非

- 喜光，夏季适当遮阴
- 最低生长温度为 5℃
- 适当浇水，夏冬两季保持干燥
- 生长期每 20 天施肥 1 次

形态特征

植株单生，扁圆球形，直径 8 ～ 12 厘米，有整齐的 8 道棱；整体绿色，表面有像布纹一样纵横交错的红褐色条纹，且以球体顶部较密集，棱缘上生有很多褐色的小钝齿；小花开在球体顶部的棱缘上，黄绿色。

养护须知

布纹球标准的球形及别致的花纹相当独特，是多肉植物中的珍品，作为小盆栽摆放于室内，可以营造出清新雅致的效果。因为布纹球通常不产生仔球，所以其繁殖方法一般为播种法。布纹球种子播种后约两周便可发芽，之后可将幼苗嫁接到霸王鞭上，以加快其生长速度。

红雀珊瑚

别名 红雀掌　属名 红雀珊瑚属

原产地 西印度群岛

喜光，也耐半阴

最低生长温度为 13℃

干透浇透，忌积水

每月施复合肥 1 次

形态特征

为直立亚灌木，植株高 40 ~ 70 厘米；茎干肉质，较粗，呈“之”字形生长；叶片卵形或长卵形，革质，幼时被短茸毛，绿色，互生，温差大时可带白色斑纹；聚伞花序顶生或腋生，总苞鲜红色或紫红色。

蜈蚣珊瑚

别名 青龙　属名 红雀珊瑚属

原产地 美洲

喜光，也耐半阴

生长适温为 23 ~ 30℃

春夏两季多浇水，冬季少浇水

每半月施复合肥 1 次

形态特征

植株高 10 ~ 30 厘米；茎肉质，细圆棒状，上面密被鳞片，直立生长，颜色翠绿，分枝多，易呈群生状；叶片无柄，为狭长的椭圆形，呈两列扁平紧密排列，状似蜈蚣；花较小，粉红色。

第六章

龙舌兰科多肉植物

龙舌兰科多肉植物的叶片很有特色，或挺拔壮观，或玲珑雅致，或绿意盎然，或绚丽多彩，极具观赏性，这其中尤以龙舌兰属和虎尾兰属为代表。该科多肉植物中的某些种类还会开出大型而端庄的花序，别具一格。另外，除了具有很高的观赏价值外，某些龙舌兰科多肉植物还是很重要的纤维植物。

金边龙舌兰

别名 无　　属名 龙舌兰属

原产地 美国、墨西哥

喜光，日照要充足

生长适温为 10 ~ 25℃

夏季多浇水，冬季少浇水

生长期每月施腐熟肥 1 次

形态特征

植株挺拔，茎短，稍微木质化；叶片丛生，肉质，剑形，呈莲座状排列，叶片绿色，叶表光滑，叶缘带有黄白色的条带，条带边缘具有红色或紫褐色刺状锯齿；花茎上有横纹，花黄绿色、肉质。

银边龙舌兰

别名 银边菠萝麻　　属名 龙舌兰属

原产地 美洲

喜光，光照要充足

生长适温 15 ~ 25℃

喜水怕涝，避免积水

生长期每月施肥 1 次

形态特征

植株较大型；叶片肉质，倒披针线形，一般 30 ~ 40 厘米长排列成莲座状，叶片绿色，叶缘有银白色的条纹，条纹边缘有稀疏锯齿状刺，叶端有一枚暗褐色的硬尖刺；圆锥花序，较大，分枝多，花黄绿色。

狐尾龙舌兰

别名 翠绿龙舌兰　属名 龙舌兰属

原产地 墨西哥

- 喜光，日照要充足
- 生长适温为 10 ~ 25℃
- 夏季多浇水，冬季少浇水
- 生长期每月施腐熟肥 1 次

形态特征

植株具有明显的茎，灰白色至灰褐色，上面具有“之”字形叶痕；叶片长卵形，肉质、肥厚，密生于短茎上，排列成莲座状，叶色翠绿，被白粉；大型圆锥花序顶生，一生只开一次花，花黄绿色。

养护须知

狐尾龙舌兰株型优美，叶片挺拔，叶色翠绿，很适合作为庭院观叶植物。种植时，应为狐尾龙舌兰选择光照充足且土壤排水性较好的地方，避免光照强度变化大。冬季温度要保证在 0℃以上，否则可能会对其造成损害。狐尾龙舌兰的繁殖方式一般采用分株法。

吹上

别名 龙舌掌　　属名 龙舌兰属

原产地 墨西哥

全日照或半日照

生长适温 18 ~ 30℃

喜干燥，避免盆土积水

每 20 天施腐熟稀薄液肥 1 次

形态特征

植株大中型，株幅最大可达 1 米，无茎；叶披针形至线形，质坚硬，从基部呈放射状丛生，排列成莲座状，叶表粗糙，叶端有褐色尖刺，叶色灰绿，叶缘一般有刺，偶尔无刺；穗状花序或圆锥花序，顶生，花红色或紫红色。

泷之白丝

别名 无　　属名 龙舌兰属

原产地 美洲

喜光，日照要充足

冬季温度不低于 5℃

不干不浇，浇则浇透

每月施腐熟的稀薄液肥 1 次

形态特征

植株叶盘直径可达 70 ~ 100 厘米；叶肉质，近线形或剑形，挺拔、质硬，平展或放射状生长，排列成莲座状，叶面具有少许白色线条，叶尖有一枚硬刺，叶色深绿，叶表有细长卷曲的白色纤维；小花红褐色。

狭叶龙舌兰

别名 无　　属名 龙舌兰属

原产地 美洲

喜光，夏季适当遮阴

生长适温为 10 ~ 25℃

夏季多喷水，冬季少浇水

生长期每月施肥 1 次

形态特征

植株具短茎；叶片肉质，剑形，辐射状生长，排列成莲座状，叶缘具有向上弯或向下弯的刺状锯齿，叶端有一枚暗褐色的尖硬刺，叶灰绿色；圆锥花序，粗壮，有少数分枝，花淡绿色。

小花龙舌兰

别名 姬乱雪　　属名 龙舌兰属

原产地 墨西哥、美国

喜光，盛夏适当遮阴

冬季温度不低于 5℃

夏季多浇水，冬季少浇水

生长期每月施肥 1 次

形态特征

植株较小，株幅约 15 厘米，茎不明显；叶片肉质，狭披针形，笔直、坚硬，排列成莲座状，叶色暗绿，叶面具有不规则的白色纵条纹，叶端有灰褐色尖刺，叶缘具有白色细长纤维；穗状花序，花黄绿色或黄色。

雷神

别名 棱叶龙舌兰　　属名 龙舌兰属

原产地 墨西哥

- 喜光，夏季适当遮阴
- 生长适温为 18 ~ 25℃
- 生长期保持盆土稍湿润
- 生长期每月施腐熟肥 1 次

形态特征

植株矮小，茎极短，簇生；叶片倒卵状长菱形，基部狭窄，先端急尖，排列成莲座状，叶色青绿，被白粉，叶缘生有波浪状红褐色针刺，叶尖具有一枚较长的尖刺；花呈漏斗状，黄绿色。

王妃雷神

别名 姬雷神　　属名 龙舌兰属

原产地 墨西哥

- 喜光，日照要充足
- 生长适温为 10 ~ 25℃
- 夏季多浇水，冬季少浇水
- 生长期每月施腐熟肥 1 次

形态特征

植株小巧，无茎；叶片肥厚，质软，呈宽而短的倒卵状匙形，叶片青灰绿色，叶缘生有稀疏锯齿状刺，叶尖长有一枚较长的红褐色针刺；总状花序，花黄绿色。

鬼脚掌

别名 笹之雪　　属名 龙舌兰属

原产地 美洲

- 喜光，日照要充足
- 生长适温为 15 ~ 25℃
- 不干不浇，浇则浇透
- 每 10 天施腐熟稀薄液肥 1 次

形态特征

植株无茎，株幅可达 40 厘米；叶片肉质，三角锥形，排列成莲座状，叶面扁平，叶背微呈龙骨状突起，叶色绿，上有不规则白色线条，叶尖有一枚坚硬的黑刺；穗状花序较松散，小花淡绿色。

养护须知

鬼脚掌株型整齐有序，叶片繁多，可达 100 多枚，具有一种绿意盎然的壮观感，具有相当高的观赏价值，可作庭院观赏植物。栽培土壤以透气、排水性良好、颗粒较大的赤玉土等为佳，并要定期翻土，使土壤疏松。繁殖方式以分株为主，宜在春季换盆时进行。

五色万代锦

别名 五色万代　属名 龙舌兰属

原产地 美洲

喜光，忌烈日暴晒
冬季温度不低于 10℃
生长期保持盆土稍湿润
生长期每月施薄肥 1 次

形态特征

植株无茎；叶片肉质、坚硬，剑形至披针形，排列成莲座状，叶面中间微凹，上面有 5 个条状色带，最中间为黄绿色，两边墨绿色，最外缘为黄色，叶缘波浪形，生有淡褐色短刺，叶尖有一枚较长的硬刺。

吉祥冠锦

别名 吉祥天　属名 龙舌兰属

原产地 美洲

喜光，日照要充足
生长适温为 15 ~ 30℃
生长期保持盆土稍湿润
生长期每月施肥 1 次

形态特征

叶片肉质，倒广卵形，排列成莲座状，叶色青绿或灰绿，叶上半部稍宽，叶端较尖，叶缘长有黑褐色的短锯齿，叶尖有一枚较长的硬刺，叶表被白粉，叶缘或叶中有黄色或白色条纹；总状花序，花淡黄色。

圆叶虎尾兰

别名 棒叶虎尾兰　　属名 虎尾兰属

原产地 美洲西部

喜充足柔和的阳光

最低生长温度为 5℃

生长期浇水干透浇透

每半月施腐熟稀薄液肥 1 次

形态特征

植株有短茎或无茎；叶肉质、坚硬，直立生长，偶尔稍弯曲，呈细圆棒状，直径约为 3 厘米，叶端尖细，叶色深绿，叶表有横向的灰绿色虎纹斑；总状花序，花较小，筒状，白色或淡粉色。

金边虎尾兰

别名 金边虎皮兰　　属名 虎尾兰属

原产地 非洲西部

喜光，日照要充足

生长适温为 20 ~ 25℃

盆土要干透再浇水

生长期每周施薄肥 1 次

形态特征

植株高可达 1 米；叶片长条状披针形，叶色浅绿，叶缘金黄色，叶表有白色和绿色相间的横向虎纹斑；花葶较长，可达 80 厘米，总状花序，花白色或淡绿色。

短叶虎尾兰

别名 小虎兰　属名 虎尾兰属

原产地 印度、斯里兰卡

- 喜光，日照要充足
- 最低生长温度为 8℃
- 适量浇水，忌积水
- 生长期每半月施稀薄液肥 1 次

形态特征

植株矮小，株高不超过 20 厘米；叶片短而宽，质硬而厚，呈先端尖的长卵形，革质，有光泽，簇生，呈回旋重叠的鸟巢状，叶色浓绿，叶表具有不规则的淡黄色或乳白色横向虎皮斑纹；花串状，白色。

养护须知

短叶虎尾兰株型小巧紧凑，叶色翠绿，叶面斑纹清新雅致，一般可作小型盆栽，摆放在窗台、书桌、电脑旁等处。繁殖方式可选分株和扦插。分株宜在春季换盆时进行，扦插宜在 5 ~ 6 月进行。分株或扦插后的幼苗进行盆栽后，注意要少浇水，以免造成根部腐烂。

金边短叶虎尾兰

别名 黄边虎尾兰　属名 虎尾兰属

原产地 非洲及亚洲南部

喜光，也耐半阴

生长适温为 20 ~ 30℃

耐干旱，干透浇透

生长期每半月施薄肥 1 次

形态特征

植株无茎，小型；叶片肉质，长卵形，革质，排列成松散的莲座状，叶色深绿，叶缘有金黄色至乳白色宽边，叶表有深绿色和浅绿色相间的横向斑纹；总状花序，花白色至淡绿色。

酒瓶兰

别名 象腿树　属名 酒瓶兰属

原产地 墨西哥

喜光，夏季适当遮阴

生长适温为 16 ~ 28℃

耐旱，浇水不宜过多

每半月施稀薄液肥 1 次

形态特征

植株高可达 5 米，盆栽种植株型较小，高 0.5 ~ 1 米；茎直立，下部膨大似酒瓶，上有厚木栓层的树皮，灰白色或褐色，老株表皮龟裂似龟甲；叶片革质，细长线状，着生于茎顶，呈下垂状；圆锥花序，小花白色。

第七章 仙人掌科多肉植物

仙人掌科多肉植物种类相当繁多，包括仙人掌属、仙人球属、极光球属、乳突球属、金琥属、裸萼球属、强刺球属、星球属等。该科多肉植物大多数为茎肉质多肉植物，形态可见球状、柱状、扁平状等，很多种类都生有长短不一、软硬不等的尖刺。此外，该科多肉植物的花形较大，并具有很高的观赏性。

仙人掌

别名 仙巴掌　　属名 仙人掌属

原产地 墨西哥、美国等

喜强光照射

生长适温为 20 ~ 30℃

不干不浇，避免积水

生长期施完全腐熟的有机肥

形态特征

植株呈灌木状，易丛生；茎极端肉质化，多分枝，上部分枝呈倒宽倒卵形、倒卵状椭圆形或近圆形，边缘通常呈波状，绿色至蓝绿色，小巢疏生，生有短绵毛或倒刺刚毛；叶早落；花辐状，黄色。

白毛掌

别名 白桃扇　　属名 仙人掌属

原产地 墨西哥

喜光，日照要充足

生长适温为 15 ~ 25℃

耐旱，干透浇透

生长期每月施肥 1 次

形态特征

为黄毛掌的变种；茎直立生长，基部稍木质化，圆柱形，上部分枝呈扁平的掌状，倒卵形至椭圆形，绿色，刺座稀疏，生有白色钩毛；花单生于刺窝中，花蕾为红色，花开后变成黄白色。

黄毛掌

别名 金乌帽子　　属名 仙人掌属

原产地 墨西哥

- 喜光，日照要充足
- 生长适温为 20 ~ 25℃
- 浇水要适量，宁干勿湿
- 生长期每半月施肥 1 次

形态特征

植株呈灌木状，株高 60 ~ 100 厘米；茎直立生长，多分枝，黄绿色，茎节扁平，呈较阔的椭圆形或广椭圆形，刺座较稀疏，上面生有密集的金黄色钩毛；花漏斗状，淡黄色；浆果圆形，红色。

养护须知

黄毛掌有着兔耳似的茎节，浓密的金黄色钩毛，非常可爱，是室内小型盆栽的优选，尤其适合摆放在卧室、书房等处的桌前或窗台上。需注意的是，养护在室内的黄毛掌应隔一段时间就将其移到室外，以满足其对光照的需求。繁殖方法可选播种和扦插两种。

世界图

别名 短毛球锦　属名 仙人球属

原产地 巴西、乌拉圭、阿根廷

- 喜光，日照要充足
- 生长适温为 18 ～ 27℃
- 生长期充分浇水
- 生长期每月施氮磷肥 1 次

形态特征

植株幼时为球形，成株后变成圆筒形，易群生；球体有 11 ～ 12 道棱，颜色为绿色中带有黄色斑块或黄绿各半或整体几乎为黄色，刺座上生有淡褐色的锥状短刺；花侧生，喇叭形，白色。

养护须知

世界图生命力旺盛，能耐寒，养护较为容易，非常适合作为家庭盆栽种植。春秋两季可将其放于室外，日晒雨淋都不用怕，夏季高温时注意遮阴，冬季停止浇水。要想世界图开花，可分别于春季和秋季追肥两次。繁殖方法多选嫁接法，可将其嫁接到量天尺或长盛球上。

花盛球

别名 仙人球　属名 仙人球属

原产地 阿根廷、巴西

喜光，夏季适当遮阴

生长适温为 15 ~ 25℃

耐旱，浇水不用太频繁

偶尔施点磷钾肥即可

形态特征

植株单生或丛生，幼株呈球形，老株变成圆筒形；球体暗绿色，上有 11 ~ 12 道棱，呈有规律的波浪状，棱上生有锥状刺，新刺黑褐色，老刺黄褐色；花从球体侧面开出，大型，喇叭状，白色。

五百津玉

别名 无　属名 极光球属

原产地 智利

喜光，日照要充足

生长适温为 21 ~ 28℃

生长期每半月浇水 1 次

生长期每月施肥 1 次

形态特征

植株单生，直径 12 ~ 15 厘米；球体扁球形至圆球形，上有 15 道棱，棱缘突起，球体青绿色，刺座上着生 7 ~ 8 枚细锥状周刺和 1 枚中刺，新刺红褐色，老刺灰绿色；花顶生，钟状，洋红色。

鼠尾掌

别名 药用鼠尾草　　属名 姬孔雀属

原产地 墨西哥

喜光，日照要充足

生长适温为 24 ~ 26℃

生长期浇水要充分

生长期每半月施液肥 1 次

形态特征

植株丛生；变态茎细长，匍匐或旋状下垂生长，有气根，幼茎绿色，老茎变成灰色，茎上有 10 ~ 14 道浅棱，刺座小而密，上有针形辐射刺 10 ~ 20 枚，新刺红色，老刺黄色至褐色；花漏斗状，粉红色。

养护须知

鼠尾掌密集悬垂的变态茎和大而艳丽的花朵使其成为良好的室内植物，可将其布置在窗台上或以吊篮形式悬挂于廊下。其繁殖方式主要为扦插和嫁接。扦插可在其生长季进行，截取 8 ~ 10 厘米的茎作为插穗，晾干伤口后插于泥炭土或沙床中。嫁接则宜在 5 ~ 9 月进行。

丽光殿

别名 无　　属名 乳突球属

原产地 墨西哥

喜光，日照要充足

生长适温为 15 ~ 25℃

生长期可适当多浇水

生长期每月施肥 1 次

形态特征

植株初为单生，后逐渐变为群生，单株直径 7 ~ 8 厘米；球体呈圆筒形，刺座有 60 ~ 80 枚白毛状的周刺和 1 枚钩状的红褐色中刺，球体表面为绿色，较柔软；花从近顶部老刺座的腋部开出，紫红色。

高砂

别名 雪球仙人掌　　属名 乳突球属

原产地 美国

喜光，日照要充足

生长适温为 15 ~ 25℃

生长期每半月浇水 1 次

生长期每月施肥 1 次

形态特征

植株呈群生状；球体蓝绿色或暗绿色，刺座密集，生有 25 ~ 50 枚白色软毛状的周刺和 1 ~ 2 枚（有时 5 枚）红褐色至黄褐色的倒钩状中刺；花钟状，粉红色或白色带有红色中肋。

玉翁

别名 无　属名 乳突球属

原产地 墨西哥

喜光，日照要充足

生长适温为 24 ~ 26℃

耐旱，可每月浇水 1 次

每半年施稀薄液肥 1 次

形态特征

植株单生，圆球形至椭圆形，株高 20 厘米以下，球茎 15 厘米以下；球体鲜绿色，上有 13 ~ 21 道螺旋排列的棱，刺座上生有 30 ~ 35 枚白色刚毛状的周刺和 2 ~ 3 枚褐色的中刺；小花钟状，桃红色。

养护须知

玉翁密被白色茸毛，鲜艳的小花绕球体一圈开放，观赏价值较高。种植盆栽时，土壤可用沙壤土、泥煤苔及细砾等配制。冬季一般要将其移到室内，只要将温度保持 5℃以上便可安全过冬。浇水时，要避免浇到球体上。繁殖方式可选播种、扦插和嫁接。

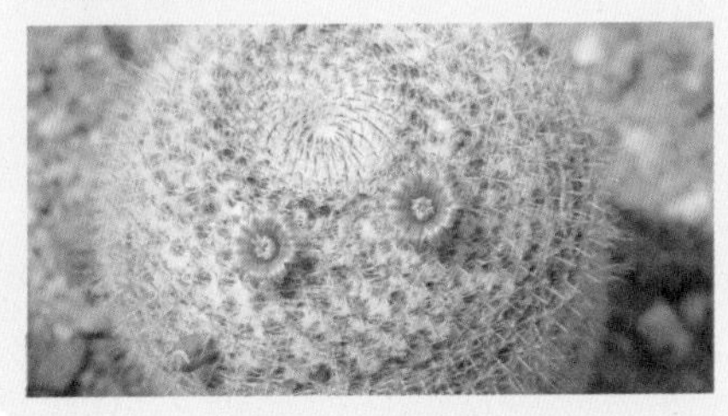

金手指

别名 金指花　　属名 乳突球属

原产地 墨西哥

- 喜光，日照要充足
- 生长适温为 20 ~ 28℃
- 不干不浇，浇则浇透
- 生长期每月施肥 1 次

形态特征

植株初为单生，后逐渐变成群生；茎肉质，状似人的手指，明绿色，上有 13 ~ 21 道螺旋排列的棱，刺座上生有 15 ~ 20 枚刚毛状的黄白色周刺和 1 枚针状的黄褐色中刺；小花侧生，钟状，淡黄色。

银手球

别名 银毛球　　属名 乳突球属

原产地 墨西哥

- 喜光，盛夏要遮阴
- 生长适温为 20 ~ 28℃
- 耐旱，保持盆土稍干燥
- 生长期每 2 周施肥 1 次

形态特征

植株为群生状，单株直径 2 ~ 3 厘米；茎呈短小的圆筒形，灰绿色，刺座上生有 12 ~ 15 枚白色刚毛状的短周刺和 1 枚白色细针状中刺；小花侧生，钟状，淡黄色，直径为 1 厘米左右。

白玉兔

别名 白神丸　属名 乳突球属

原产地 墨西哥

- 喜光，日照要充足
- 生长适温为 19 ~ 24℃
- 生长期每半月浇水 1 次
- 生长期每月施肥 1 次

形态特征

植株幼时为单生，老株易群生，单株高 15 ~ 30 厘米，直径 7 ~ 8 厘米；茎圆球形至椭圆形，蓝绿色或灰绿色，球体密被白色绵毛，刺座着生有 16 ~ 20 枚白色周刺和 2 ~ 4 枚白色中刺；花钟状，红色。

养护须知

白玉兔数十个仔球密集丛生的状态极具观赏性，适合作为家庭盆栽进行养护。其生性强健，生长速度很快，养护也较为简单。栽培土壤以肥沃且疏松透气的沙壤土为佳，喜欢较为干燥的环境，因此要控制浇水。繁殖方式可选播种、扦插、嫁接及分株等。

白龙球

别名 无　属名 乳突球属

原产地 中南美洲

喜光，忌烈日暴晒

生长适温为 15 ~ 25℃

生长期每半月浇水 1 次

生长期每月施肥 1 次

形态特征

植株易丛生；茎呈球形至棒状，颜色为淡灰绿色，球体顶部被白色绵毛，表面具有粗短的疣状突起，疣突腋部长有白色绵毛及长刺毛，刺座上生有 4 枚或 5 ~ 7 枚较长的刺；小花钟形，粉红色。

猩猩球

别名 无　属名 乳突球属

原产地 墨西哥

喜光，日照要充足

生长适温为 15 ~ 25℃

生长期每半月浇水 1 次

生长期每月施肥 1 次

形态特征

植株单生，株高可达 30 厘米，直径约 10 厘米；茎呈圆筒状，疣突腋部生有绵毛及刺毛，刺座上生有 20 ~ 30 枚白色或红色、褐色、黄色的辐射刺，以及 7 ~ 15 枚针状中刺；花浅红色至紫红色。

月世界

别名 无　　属名 月世界属

原产地 墨西哥、美国

喜光，日照要充足

生长适温为 18 ~ 25℃

春球两季适度浇水

生长期每月施肥 1 次

形态特征

植株单生或丛生，单株高约 4 厘米，直径约为 4 厘米；茎呈球状，表面浅灰绿色，无棱，小疣突呈螺旋状排列，疣突顶端生有密集刺座，上面密被白色毛状细刺；小花漏斗状，粉红色。

小人帽子

别名 小人之帽　　属名 月世界属

原产地 美国、墨西哥

喜光，日照要充足

生长适温为 18 ~ 25℃

春夏两季每半月浇水 1 次

生长期共施肥 2 ~ 3 次

形态特征

为月世界的茸状变种；植株小型，直径一般小于 4 厘米；茎初为球形，后变为圆筒形，无棱疣状突起呈螺旋状排列，刺座密被短而软的白色小刺，成株顶部长有白色短茸毛；花顶生，淡粉色或淡黄色。

蟹爪兰

别名 圣诞仙人掌　　属名 蟹爪兰属

原产地 巴西

较耐阴，夏季怕高温炎热

生长适温为 20 ~ 25℃

生长期保持盆土湿润

每周施稀薄液肥 1 次

形态特征

植株呈灌木状，无叶；茎多分枝，悬垂生长，无刺，幼茎扁平状，老茎木质化，稍呈圆柱形，表面翠绿色或微带紫色，茎节两侧各有 2 ~ 4 枚粗锯齿，正反两面均有肥厚中肋；花单生于枝顶，玫瑰红色。

万重山

别名 仙人山　　属名 天轮柱属

原产地 南非

喜光，日照要充足

生长适温为 15 ~ 30℃

每 3 ~ 5 天浇水 1 次

通常不需要施肥

形态特征

植株易群生，呈假山形或不规则的圆柱形；茎向上直立生长，暗绿色，通体生有毛状刺，刺座上着生的刺较长，颜色经常会有变化；花喇叭状或漏斗状，体形较大，颜色可见白色或者粉红色。

绯花玉

别名 无　属名 裸萼球属

原产地 阿根廷

喜光，日照要充足

生长适温为 15 ～ 25℃

春秋两季每半月浇水 1 次

生长期每月施肥 1 次

形态特征

植株呈扁球形，直径为 7 厘米左右；茎表面墨绿色，具有 7 ～ 11 道棱，刺座上着生有 5 枚灰色的周刺和 1 枚略粗且较长的灰白色或褐色中刺；花于球体顶端开出，颜色可见白色、粉红色和深红色。

养护须知

绯花玉的盆土要求疏松肥沃、排水性良好，并具有一定颗粒度的沙壤土。繁殖方式可选播种、扦插和嫁接。种子成熟后即可进行播种，然后用洇灌法进行浇水。扦插宜在生长季进行，将小仔球掰下，晾干伤口后进行。嫁接砧木可用量天尺和长盛球等。

瑞云

别名 牡丹玉　属名 裸萼球属

原产地 巴拉圭、阿根廷等

喜光，盛夏适当遮阴

生长适温为 15 ~ 30℃

生长期保持盆土湿润

生长期每半月施肥 1 次

形态特征

植株小型，单生或群生；茎球形，灰绿色中带有紫褐色，具有阔棱 8 ~ 12 道，刺座着生在棱脊上，上面生有 5 ~ 6 枚灰黄色的弯曲周刺，以及白色茸毛；花一般数朵同开，漏斗状，粉红色。

新天地

别名 豹子头　属名 裸萼球属

原产地 阿根廷、玻利维亚

喜光，日照要充足

生长适温为 18 ~ 25℃

春夏两季每周浇水 1 次

生长期每月施肥 1 次

形态特征

植株较大型，单生；茎呈球形，球体表面有突起的球形小瘤块，绿色或淡蓝绿色，具有 10 ~ 30 道棱，刺座着生 7 ~ 15 枚红褐色至黄色的周刺，以及约 3 枚中刺；花漏斗状，粉红色。

银翁玉

别名 无　属名 智利球属

原产地 智利

喜光，日照要充足

生长适温为 18 ~ 30℃

生长期每半月浇水 1 次

生长期每月施肥 1 次

形态特征

植株单生，初为球形，后逐渐变成短圆筒状，直径 5 ~ 6 厘米；球体具有 16 ~ 18道棱，刺座下方突出，呈椭圆形，刺座着生约 30 枚白色至灰白色弯曲的针状刺，以及密集的黄褐色短绵毛；花淡红色。

茜云

别名 无　属名 花座球属

原产地 巴西

喜光，日照要充足

生长适温为 19 ~ 24℃

春秋两季每半月浇水 1 次

生长期每月施肥 1 次

形态特征

植株单生，株型较大；球体有 10 ~ 12 道棱，棱缘有时弯曲，刺座上生有 10 ~ 15 枚尖而硬的红褐色针状刺，最短的只有 1.2 ~ 1.5 厘米，最长的则可达 15 厘米；其余均长 3.8~8.5 厘米；花漏斗状，紫红色。

白檀

别名 小仙人鞭　属名 丽花球属

原产地 阿根廷

喜光，也耐半阴

生长适温为 15 ~ 25℃

春秋两季每月浇水 1 次

生长期每月施肥 1 次

形态特征

植株丛生，幼株直立生长，后逐渐变成匍匐状；茎肉质，分枝较多，呈细圆筒状，淡绿色，上有 6 ~ 9 道浅棱，刺座上生有 10 ~ 15 枚白色刺毛状的辐射刺，没有中刺；花侧生，漏斗状，鲜红色。

养护须知

白檀株型优美，花色艳丽，是一种良好的观赏植物。其生性强健，很容易种植，生长季需给足水分，盛夏高温时注意遮阴并保证良好的通风条件，冬季低温休眠期保持盆土干燥即可。花蕾刚开始长出时不要浇水，待其长到 1 厘米长时再浇水。

金赤龙

别名 赤龙仙人球　属名 强刺球属

原产地 美国、墨西哥

喜光，日照要充足

生长适温为 15 ~ 30℃

耐旱，生长期适当浇水

生长期每月施液肥 1 次

形态特征

植株大型，株高可达 2 米，直径可达 1 米；茎呈球形，具有 15 ~ 25 道直棱，刺座着生在棱缘上，上面生有长可达 5 厘米的淡红褐色钩状刺，球体绿色；花漏斗状，黄色或橙红色，直径可达 6 厘米。

江守玉

别名 无　属名 强刺球属

原产地 美国、墨西哥

喜光，日照要充足

生长适温为 20 ~ 28℃

春季至夏末每半月浇水 1 次

生长期共施肥 3 ~ 4 次

形态特征

植株初为扁圆形至球形，后变成圆柱状，球径 30 ~ 35 厘米；茎灰绿色，具有 8 ~ 13 道突出的棱，若株型较大，棱也会更多，刺座上生有 5 ~ 8 枚周刺和 1 枚中刺；花漏斗状，红色、棕红色或黄色。

王冠龙

别名 蓝筒掌　属名 强刺球属

原产地 墨西哥

喜光，日照要充足

生长适温为 24 ~ 28℃

春季至夏末每半月浇水 1 次

生长期每月施肥 1 次

形态特征

植株单生，呈球形，直径 20 ~ 40 厘米；球体上具有 11 ~ 14 道突起较明显的棱，刺座密集，上面生有白毛，以及 6 ~ 8 枚黄色的锥状周刺和 1 枚中刺；花淡黄色，较大，直径可达 2 ~ 3 厘米。

巨鹫玉

别名 鱼钩球　属名 强刺球属

原产地 墨西哥、美国

喜光，盛夏适当遮阴

生长适温为 24 ~ 28℃

春季至夏末每半月浇水 1 次

生长期每月施肥 1 次

形态特征

植株单生，初为圆筒形，后变成圆柱状；球体深绿色，具有 13 道高而薄的棱，刺座着生 10 ~ 12 枚白色刚毛状周刺和 4 枚红褐色中刺，其中中间的那枚末端带钩；花顶生，钟状，橙黄色，具红色中脉。

绫波

别名 无　属名 绫波属

原产地 美国、墨西哥

喜光，日照要充足

生长适温为 13 ~ 24℃

生长期每周浇水 1 次

生长期每月施肥 1 次

形态特征

植株单生，高约 15 厘米，直径约 30 厘米；球体呈端正的扁圆形，深绿色，具有 13 ~ 27 道棱，棱缘上着生稀疏刺座，上面生有 6 ~ 7 枚锥状周刺和 1 枚中刺，新刺淡黄色中夹有淡红色，老刺黄褐色；花钟状，浅桃红色。

金琥

别名 象牙球　属名 金琥属

原产地 墨西哥

喜光，日照要充足

生长适温为 13 ~ 24℃

生长期每周浇水 1 次

生长期每月施肥 1 次

形态特征

植株单生或丛生，球形，单株高可达 1.3 米，直径可达 80 厘米以上; 球体亮绿色，具有 21 ~ 37 道显著的棱，刺座较大，着生 8 ~ 10 枚周刺和 3 ~ 5 枚粗而稍弯曲的中刺，均为金黄色; 花钟状，黄色。

鸾凤玉

别名 多柱头星球　属名 星球属

原产地 墨西哥

喜光，日照要充足

生长适温为 18 ～ 25℃

生长期每半月浇水 1 次

生长期每月施肥 1 次

形态特征

植株单生，呈球形至长球形；球体密被星点状的白色茸毛，具有 3 ～ 8 道肉质棱，棱脊呈三角状，刺座着生在棱缘上，上面生有褐色短绵毛，无刺，球体灰白色；花顶生，漏斗状，橙黄色。

养护须知

鸾凤玉形态独特，颜色清新雅致，非常适合用来装点桌案、窗台等处。其繁殖方式主要为播种和嫁接。播种大多在 4 ～ 6 月进行，播种前最好先对土壤进行消毒，温度保持在 20 ～ 24℃时，最有利于种子发芽。嫁接的砧木多选生性强健的量天尺和长盛球。

兜

别名 无　　属名 星球属

原产地 美国、墨西哥

- 喜光，盛夏适当遮阴
- 生长适温为 18 ~ 30℃
- 生长期每半月浇水 1 次
- 生长期每月施肥 1 次

形态特征

植株单生，呈扁球形，高 2 ~ 5 厘米，直径 5 ~ 15 厘米；球体青绿色，一般有 8 道棱，少见 4 ~ 13 道棱，棱背中央着生绒球状的刺座，以及零散分布的白色星点；花顶生，漏斗状，黄色，喉部为红色。

养护须知

兜在盆栽种植时不应埋得太深，盆底还要放入一些瓦片，以便排水良好，成年植株可 2 ~ 3 年换一次盆。养护过程中，若发生灰霉病和疮痂病，可用 70% 甲基托布津可湿性粉剂 1000 倍液进行喷洒。虫害主要是红蜘蛛，可用 40% 氧化乐果乳油 1500 倍液进行喷杀。

金星

别名 长疣八卦掌　　属名 长疣球属

原产地 墨西哥

喜光，日照要充足

生长适温为 18 ~ 26℃

春秋两季每半月浇水 1 次

生长期每月施肥 1 次

形态特征

植株初为单生，后从基部产生众多仔球，遂呈群生状；球体肥厚多汁，具有大而长的棒状疣突，刺座着生于疣突顶端，生有 3 ~ 12 枚先端颜色较深的黄褐色长刺；花漏斗状，黄色，常数朵或数十朵同时开放。

武烈柱

别名 武烈球　　属名 刺翁柱属

原产地 南美洲

喜光，日照要充足

生长适温为 15 ~ 30℃

春夏两季每周浇水 1 次

生长期每月施肥 1 次

形态特征

植株一般为圆柱形；柱体具有厚且显著的棱，颜色黄绿色或绿色，表面密被 8 ~ 10 厘米长的白色丝毛，其中长着半透明状的黄褐色强刺，看起来就像雄狮的头一样；花单生，较大，红色。

乌羽玉

别名 僧冠掌　属名 乌羽玉属

原产地 墨西哥、美国

- 喜光，日照要充足
- 生长适温为 18 ~ 24℃
- 不干不浇，干透浇透
- 生长期每月施有机液肥 1 次

形态特征

植株易丛生，单株呈扁球形，具有粗大的肉质根；球体为暗绿色或灰绿色，顶端长有灰白色茸毛，具有 8 ~ 10 道不太明显的垂直或螺旋状排列的棱，刺座生有绵毛，无刺；花小，淡红色。

养护须知

乌羽玉的肉质根较为肥大，因此盆栽时要选用较深的盆器，培养土不宜过细，否则容易引起板结，不利于排水透气，易导致根部腐烂。其繁殖方法主要有播种、嫁接和扦插。种子的发芽适温为 20 ~ 30℃。嫁接砧木可选金琥、长盛球和龙神柱。扦插多在生长期进行。

帝冠

别名 帝冠牡丹　属名 帝冠属

原产地 墨西哥

喜光，日照要充足

生长适温为 16 ~ 29℃

生长期适当浇水，忌积水

生长期每月施肥 1 次

形态特征

植株小型，单生，呈扁球状，直径最大可达 15 ~ 20 厘米；球体绿色至灰绿色，由排列有序的三角形叶状的疣突组成，疣突前端生有细小的白刺；花顶生，较小，漏斗状，白色，直径 2 ~ 3 厘米。

菊水

别名 无　属名 菊水属

原产地 墨西哥

喜光，日照要充足

生长适温为 20 ~ 30℃

春夏两季每半月浇水 1 次

生长期每月施肥 1 次

形态特征

植株单生，呈球形或扁球形；球体表面坚硬，灰绿色，由螺旋状排列的菱形疣状突起组成，突起顶端着生有刺座，上面没有刺，而是长有少数白色刚毛；花顶生，漏斗状，较大，白色。

英冠玉

别名 翠绿玉　属名 南国玉属

原产地 巴西

- 喜光，盛夏适当遮阴
- 生长适温为 18 ～ 24℃
- 生长期保持盆土湿润
- 生长期共施肥 2 ～ 3 次

形态特征

植株初为单生，呈球状，后变成群生，呈圆筒状；球体蓝绿色，顶部密被白色茸毛，具有 11 ～ 15 道棱，刺座密集，上面生有 12 ~ 15 枚黄白色毛状周刺和 8 ~ 12 枚褐色针状中刺；花漏斗状，鹅黄色。

养护须知

英冠玉的观赏性很强，适合家庭盆栽或温暖地区地栽。栽培土壤要选择肥沃疏松、排水透气良好的沙壤土，可用腐叶土、培养土和粗砂等混合配制。英冠玉的根系比较发达，生长速度也很快，需要每年换一次盆、土，同时对根系进行修剪整理。

白雪光

别名 雪光　属名 南国玉属

原产地 巴西

喜光，盛夏适当遮阴
生长适温为 18 ~ 25℃
春夏两季每半月浇水 1 次
每年施肥 3 ~ 4 次

形态特征

植株单生，呈扁球形至圆球形，直径 6 ~ 10 厘米；球体上布满小疣状突起，呈螺旋状排列，刺座较小，上面生有白色茸毛，以及 20 枚以上的针状辐射刺和 3 ~ 5 枚金黄色的中刺；花顶生，漏斗状，红色。

金晃

别名 黄翁　属名 南国玉属

原产地 巴西

喜光，盛夏适当遮阴
生长适温为 18 ~ 25℃
春夏两季每半月浇水 1 次
生长期每月施肥 1 次

形态特征

植株高 60 ~ 70 厘米，直径约 10 厘米；茎圆柱形，基部分枝多，密被黄色针刺，柱体具有 30 道或更多的棱，刺座密集，上面生有 15 枚刚毛状的黄白色周刺和 3 ~ 4 枚细针状中刺；花着生于茎顶，喇叭形，黄色。

第八章
其他科多肉植物

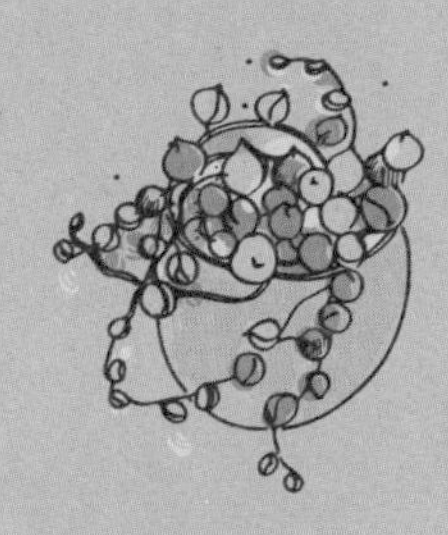

常见的多肉植物除了前面介绍的几个大科之外，还有一些科中的某些属也很受欢迎，如本章所列的夹竹桃科棒槌树属、夹竹桃科鸡蛋花属、夹竹桃科天宝花属、萝藦科球兰属、萝藦科吊灯花属、萝藦科眼树莲属、马齿苋科马齿苋属、马齿苋科回欢草属、菊科千里光属、鸭跖草科鸭跖草属、胡椒科草胡椒属等。

惠比须笑

别名 短茎棒槌树

科属 夹竹桃科棒槌树属

原产地 安哥拉、纳米比亚等

- 喜光，日照要充分
- 生长适温为 22 ~ 24℃
- 不干不浇，浇则浇透
- 每月施复合肥 1 次

形态特征

植株具有不规则膨大的肥厚肉质根茎，含有大量水分，表面褐色至灰色，上面生有不规则的突起和皮刺；叶片长椭圆形，深绿色，叶柄着生在根茎的突起部位；花梗较长，花冠 5 裂，花黄色。

养护须知

惠比须笑根茎形态奇特，叶色翠绿可人，花朵亮丽醒目，既可作盆栽观赏，又可植于园林中的沙漠景观区。盆栽用土宜选用疏松肥沃、排水透气良好且颗粒较大的土壤，可用腐叶土或草炭土、粗砂或兰石等混合配制，还可掺入适量骨粉或贝壳粉等。

光堂

别名 棒槌树　科属 夹竹桃科棒槌树属

原产地 纳米比亚

喜光，夏季适当遮阴

生长适温为 15 ~ 24℃

生长期每半月浇水 1 次

生长期每月施肥 1 次

形态特征

植株不分枝；茎干肉质，圆柱形，上面密生约 5 厘米长的褐色刺，每 3 枚着生在一起，两长一短；生长期叶片从茎顶端长出，长卵形，绿色，具明显中脉，叶缘波浪形，旱季脱落；花黄色，带有红褐色茸毛。

非洲霸王树

别名 马达加斯加棕榈

科属 夹竹桃科棒槌树属

原产地 马达加斯加岛

喜光，日照要充足

生长适温为 18 ~ 25℃

通常一周浇水 1 次

春秋两季每半月施肥 1 次

形态特征

植株挺拔；茎圆柱形，上面密生 3 枚一簇的银灰色短粗硬刺；叶片丛生于茎顶，长广线形，翠绿色，但叶柄及叶脉为淡绿色；花白色，喉部为黄色，有清香。

白马城

别名 无　科属 夹竹桃科棒槌树属

原产地 津巴布韦、南非

- 全日照，夏季适当遮阴
- 生长适温为 18 ~ 32℃
- 生长期每半月浇水 1 次
- 生长期每月施肥 1 次

形态特征

植株茎干基部膨大至酒瓶状，表皮银白色，上面散生有 3 枚一簇的灰褐色长刺，茎上部分枝较细，呈棒状；绿色的宽椭圆形叶片簇生分枝顶端，似伞状；花高脚蝶状，白色或淡红色，中间带有红色条纹。

鸡蛋花

别名 缅栀子　科属 夹竹桃科鸡蛋花属

原产地 美洲

- 喜高温，日照要充足
- 生长适温为 20 ~ 26℃
- 生长期每天浇水 1 次
- 每月施肥 1 ~ 2 次

形态特征

植株较大型；枝干粗壮、肉质，绿色，无毛；叶片较大，长圆状倒披针形或长椭圆形，厚纸质，聚生于枝顶，叶面深绿色，叶背浅绿色；聚伞花序顶生，花色可见黄色、白色、粉红色等。

沙漠玫瑰

别名 天宝花　**科属** 夹竹桃科天宝花属

原产地 肯尼亚、坦桑尼亚

喜光，日照要充足

生长适温为 20 ～ 30℃

干透再浇，避免积水

生长期每月施肥 1 次

形态特征

植株高可达 4.5 米，树干膨大；叶片肉质，单叶互生于枝干顶端，倒卵形至椭圆形，叶端钝，具小尖，近无柄；伞房花序顶生，花冠漏斗状，外被短柔毛，裂片 5，边缘波状，外缘粉红色至红色，中部色浅。

养护须知

沙漠玫瑰茎干形状奇特，花色艳丽，形似喇叭，具有很高的观赏价值，可地栽，植于庭院内，以营造古朴苍劲、自然大方的效果；也可作盆栽，用以装饰室内窗台或阳台等处，别有一番韵味。繁殖方式主要为扦插，可在夏季剪取一年或两年生的枝条进行扦插。

球兰

别名 马骝解　科属 萝藦科球兰属

原产地 中国、澳大利亚等

喜半阴环境，忌烈日暴晒

生长适温为 20 ~ 25℃

保持盆土湿润即可

生长期少量施肥

形态特征

植株攀缘生长；茎节上常生有气根；叶片肉质、肥厚，卵圆形至卵圆状长圆形，叶端钝，基部圆形，对生；聚伞花序腋生，花冠辐状，花冠筒短，裂片外部无毛，花白色，直径约 2 厘米。

心叶球兰

别名 腊兰　科属 萝藦科球兰属

原产地 中国

喜阴，忌阳光直射

生长适温为 18 ~ 28℃

保持盆土湿润即可

生长期每月施液肥 2 ~ 3 次

形态特征

植株攀缘生长；茎肉质，灰黄色；叶片肥厚，卵形至长卵形，好像一颗心的形状，叶柄粗壮；伞状花序腋生，半球状，花开多数，通常 30 ~ 50 朵，花冠白色，呈饱满的辐状，裂片钝三角形。

大花犀角

别名 海星花

科属 萝藦科豹皮花属

原产地 非洲南部

- 喜半阴，避免强光直射
- 生长适温为 16 ~ 22℃
- 生长期浇水要充分
- 春秋两季每半月施肥 1 次

形态特征

植株丛生；茎直立向上生长，四角棱状，不光滑，灰绿色，棱缘颜色较浅，具有短柔毛及肉质齿；花从嫩茎基部开出，大型，星状，5 裂，淡黄色，并带有暗紫色波状横纹，边缘生有密集的紫色细长毛。

养护须知

大花犀角茎节挺拔，花朵硕大，很适合作盆栽，摆放于窗台、阳台等处，可以起到很好的装饰效果。但开花时会发出臭味，可将其摘除或移到室外。繁殖方式可选分株、扦插和播种。分株可在春季换盆时进行，扦插可在生长季进行，播种多用于大量繁殖。

爱之蔓

别名 吊金钱　　科属 萝藦科吊灯花属

原产地 南非、津巴布韦等

喜光，忌强光直射

生长适温为 15 ~ 25℃

耐旱，浇水不用太频繁

不喜肥，忌施高磷钾肥

形态特征

植株从带有结节的木质化块茎中长出，茎紫色，匍匐生长；叶片肉质、肥厚，心形，叶柄短，对生，叶色深绿，上面带有灰白色网状花纹，叶背紫红色；花从叶腋开出，壶状，红褐色。

串钱藤

别名 纽扣玉藤　　科属 萝藦科眼树莲属

原产地 澳大利亚

全日照、半日照均可

生长适温为 20 ~ 30℃

不干不浇，浇则浇透

生长期半月施肥 1 次

形态特征

植株匍匐状，可攀缘或垂坠生长；茎细长，绿色，易生气根；叶片肉质、肥厚，阔椭圆形或阔卵形，叶端突尖，状似纽扣，对生，颜色为鲜绿色中微带银灰色；花白色或黄色，春季开放。

青蛙藤

别名 爱元果　　科属 萝藦科眼树莲属

原产地 大洋洲

- 喜光，忌阳光直射
- 生长适温为 20 ~ 26℃
- 保持盆土湿润即可
- 每月施肥 1 次

形态特征

为附生藤本，植株具有细长缠绕茎，茎节上常生气根；叶片肉质，椭圆形或卵形，叶端有芒尖，翠绿色，对生，枝条上常着生变态叶，中空饱满，状似蚌壳；花簇生于叶腋，较小，红色。

月宴

别名 断崖女王　　科属 苦苣苔科岩桐属

原产地 巴西

- 喜光，忌烈日暴晒
- 生长适温为 25 ~ 30℃
- 见干见湿，避免积水
- 生长期薄肥勤施

形态特征

植株具甘薯状肉质茎，黄褐色，上面生有须根；绿色枝条簇生于肉质茎顶端；叶片生于枝条上部，椭圆形或长椭圆形，交互对生，绿色，叶表密被厚实的白色茸毛；花橙红色或朱红色，外被白色茸毛。

金钱木

别名 圆贝马齿苋

科属 马齿苋科马齿苋属

原产地 非洲东部

喜光，忌强光直射

生长适温为 20 ~ 32℃

生长期浇水干透浇透

生长期每月施肥 2 ~ 3 次

形态特征

植株通常直立生长，老株容易弯曲；茎粗壮，分枝少，易木质化，外皮龟裂；叶片肉质、略厚，圆形，绿色，有短柄，聚生于茎顶端，排列成玫瑰花状；花座具有 5 ~ 8 个小花苞，陆续开放，花黄色。

养护须知

金钱木因排列有序的圆圆的肥厚叶片及挺拔的株形而颇受欢迎，是一种优良的室内观叶植物。其栽培土壤要求疏松肥沃、排水良好、富含有机质，以酸性或微酸性为佳，可用泥炭土、粗砂及少量园土混合配制。繁殖方式可选分株、扦插或播种。

雅乐之舞

别名 斑叶马齿苋树

科属 马齿苋科马齿苋属

原产地 非洲南部

- 喜光，日照要充足
- 生长适温为 15 ~ 25℃
- 不干不浇，浇则浇透
- 生长期每月施稀薄液肥 1 次

形态特征

植株低矮，分枝多，近水平，枝干较细弱；茎肉质，老茎紫褐色，嫩枝紫红色；叶片肉质，倒卵形，交互对生，黄白色，仅中间为淡绿色，新叶叶缘可见粉红晕纹；花较小，淡粉色。

马齿苋

别名 马苋　科属 马齿苋科马齿苋属

原产地 中国等

- 喜光照，夏季适当遮阴
- 生长适温为 20 ~ 24℃
- 每周浇水 1 次
- 每月施肥 2 ~ 3 次

形态特征

植株无毛；茎圆柱形，多分枝，平卧或斜倚，伏地铺散生长，紫红色；叶肥厚，倒卵形，状似马齿，叶端圆钝或平截，叶面暗绿色，叶背淡绿色或带暗红色，叶柄短粗；花无梗，簇生枝端，黄色。

金枝玉叶

别名 马齿苋树

科属 马齿苋科马齿苋属

原产地 南非等

喜光，日照要充足

生长适温为 15 ～ 25℃

生长期浇水干透浇透

生长期每月施肥 1 次

形态特征

为常绿肉质灌木；茎肉质，分枝多，近水平，紫褐色至浅褐色，新枝在光照充足时呈紫红色，光照不足时呈绿色；叶片肉质，较厚，倒卵形，交互对生，绿色，叶面滑而有光泽；花小，淡粉色。

养护须知

金枝玉叶株形优美，是制作盆景的优良植物，尤其是老株，颇有苍劲古朴之感。其繁殖方式多用扦插，于生长季剪取健壮的枝条，晾 2 ～ 4 天，待切口干燥后，即可插入用腐叶土、粗砂、园土等配制的盆土中，只要保持盆土微潮，很快就会生根。

吹雪之松锦

别名 卡日松　科属 马齿苋科回欢草属

原产地 纳米比亚

春秋两季全日照，夏季遮阴

生长适温为 15 ~ 28℃

夏季控制浇水，保持盆土干燥

生长期每 2 ~ 3 个月施肥 1 次

形态特征

植株矮小，株高只有 5 厘米左右；叶片肥厚，倒卵形，叶面绿色，叶背桃色，光照充足时，叶尖及边缘会出现黄色或粉红色斑纹，叶腋见生有白色丝状毛；花梗长，花为桃红色或玫瑰色。

白雪姬

别名 白绢草　科属 鸭跖草科鸭跖草属

原产地 中南美洲

喜光，忌烈日暴晒

生长适温为 16 ~ 24℃

生长期保持盆土湿润

生长期每月施肥 1 次

形态特征

植株丛生，高 15 ~ 20 厘米；茎肉质，硬而短粗，直立或稍匍匐生长，被浓密白色长毛；叶片稍肉质，长卵形，互生，绿色或褐绿色，密被白色丝毛。花于茎顶端开出，较小，花瓣 3，淡紫粉色。

碰碰香

别名 茸毛香茶菜

科属 唇形科延命草属

原产地 非洲、欧洲、西南亚

- 喜光，日照要充足
- 生长适温为 15 ~ 25℃
- 见干见湿，避免积水
- 生长期每月施肥 1 次

形态特征

植株低矮，多分枝，全株被细密的白色茸毛；茎细小，蔓生；叶片肉质、肥厚，卵圆形，叶面光滑，厚革质，叶缘有钝锯齿，绿色，交互对生，也生有细小茸毛；伞形花序，花较小，白色。

养护须知

碰碰香叶色翠绿，还可散发出淡淡的香气，常作为小型盆栽，装点于桌案、台前等处，也可作吊篮，悬挂于廊下或室内。其繁殖方式主要为扦插，可在任何季节进行。盆土要求疏松透气、富含有机质，可用腐叶土加珍珠岩和蛭石混合配制。

珍珠吊兰

别名 翡翠珠　　科属 菊科千里光属

原产地 非洲

喜半阴环境
生长适温为 15 ～ 25℃
耐旱，宁干勿湿
生长期每 10 天施肥 1 次

形态特征

为蔓生植物，植株匍匐生长；茎纤细，绿色；叶片肥厚，近球形，像一颗颗珠子，叶端有尖，叶表有一道半透明的线条，深绿色，互生；头状花序顶生，呈弯钩形，花较小，白色或褐色。

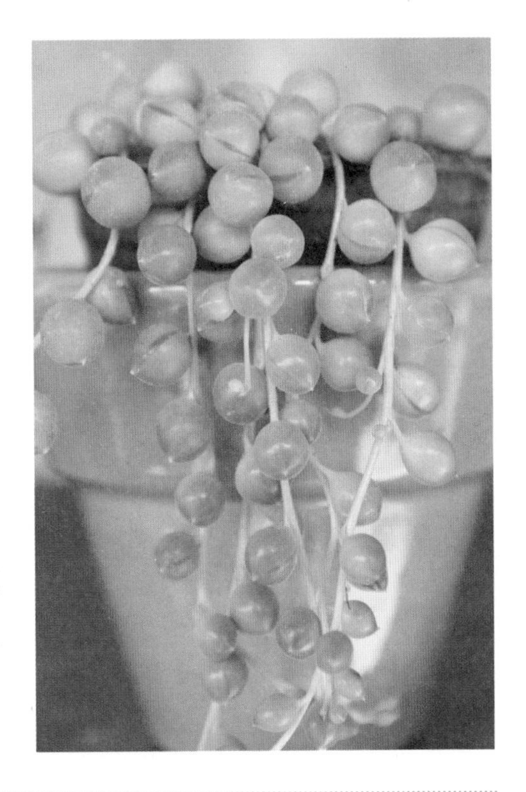

泥鳅掌

别名 地龙　　科属 菊科仙人笔属

原产地 东非及阿拉伯地区

喜光，日照要充足
生长适温为 15 ～ 25℃
生长期保持盆土稍湿润
生长期共施肥 3 ～ 4 次

形态特征

植株矮小，灌木状；肉质茎有节，圆筒形，匍匐生长，接触土壤即可生根，茎上有横向生长的干的宿存退化小叶，灰绿色或褐色，带有深绿色线状纵条纹；头状花序，直径约 3 厘米，花橙红色或血红色。

亚龙木

别名 大仓炎龙　　科属 龙树科亚龙木属

原产地 马达加斯加岛

喜光，日照要充足

生长适温为 18 ~ 30℃

不干不浇，浇则浇透

生长期共施肥 2 ~ 3 次

形态特征

植株单生，直立生长，少见分枝；茎干白色至灰白色，错落有致地分布着同颜色的锥状刺；叶片肉质、肥厚，长卵形至心形，稀疏生于茎干上的锥状刺的空隙中，成对生长，绿色；花序较长，花小，黄色或白绿色。

蝴蝶兰

别名 蝶兰　　科属 兰科蝴蝶兰属

原产地 亚热带雨林地区

喜光，忌烈日暴晒

生长适温为 16 ~ 30℃

见干见湿，避免积水

生长期适当增加水肥

形态特征

为附生植物；茎较短，常被叶鞘包围；叶片稍肉质，椭圆形、长圆形或镰刀状长圆形，叶端尖或钝，基部楔形或歪斜，叶面绿色，叶背紫色；花序于茎基部侧生，花色多，有白色、紫色、黄色等。

豆瓣绿

别名 碧玉　　科属 胡椒科草胡椒属

原产地 西印度群岛、巴拿马

喜半阴，忌强光直射

生长适温为 25℃左右

生长期多浇水；忌积水

每月施肥 1 次，直至越冬

形态特征

植株丛生；茎分枝较多，匍匐生长；叶片肉质，大小几乎相等，密集簇生，阔椭圆形或近圆形，灰绿色，叶脉细弱，不明显，叶柄短；穗状花序单生，顶生或腋生，花苞片近卵形，开花灰白色。

养护须知

豆瓣绿春秋季节生长快速，可施用稀薄液肥，冬季低温及夏季高温时生长缓慢或停止生长，要减少施肥。虽然豆瓣绿较喜水，但也要避免盆土积水，否则容易导致根部腐烂或滋生病菌。繁殖方式多选择扦插，剪取顶部健壮枝条，晾干后插入湿润的沙床中。

柳叶椒草

别名 刀叶椒草　科属 胡椒科草胡椒属

原产地 秘鲁

喜光照，也耐半阴

生长适温为 18 ~ 28℃

生长期浇水要充分

生长期每月施肥 1 次

形态特征

植株小巧，株高 5 厘米左右；茎干直立，绿色，较粗；叶片肉质、肥厚，斧形，叶端尖，基部稍粗，对生或轮生于茎上，有短柄，叶片两边上翻，是叶面中间形成一道浅沟，叶背突起；花序棒状，花绿色。

养护须知

柳叶椒草株形饱满，青翠碧绿，是非常理想的桌面小型盆栽植物。养护过程中，也可任枝条悬垂生长，可将其悬挂于窗前、廊下等处，颇为清新悦目。盆土基质可用泥炭土和细砂按照 1∶2 的比例混合配制，并保证具有良好的排水性和透气性。

红背椒草

别名 雪椒草　科属 胡椒科草胡椒属

原产地 秘鲁、厄瓜多尔

喜光，也耐半阴

生长适温为 14 ～ 30℃

生长期浇水要充分

生长期每 20 天施低氮素肥 1 次

形态特征

植株矮小，株高 5 ～ 8 厘米；茎直立生长，圆柱形，暗红色；叶片肉质、肥厚，椭圆形，有较短的叶柄，叶片两边向上反卷，叶背呈龙骨状突起，叶面暗绿色，叶背暗红色；花序棒状，花绿色。

翡翠阁

别名 方茎青紫葛　科属 葡萄科白粉藤属

原产地 古巴、牙买加、波多黎各

喜光，日照要充足

生长适温为 15 ～ 25℃

生长期浇水要充分

生长期适当施肥

形态特征

老株可呈群生状；茎肉质，分节，可延伸生长达数米，柱状，鲜绿色，光照充足时可变成金黄色，茎节具 4 棱，棱脊角质化，平滑或微呈波浪形，茎节间生有卷须和叶；叶羽状 3 裂，早脱落；花绿色。

索引

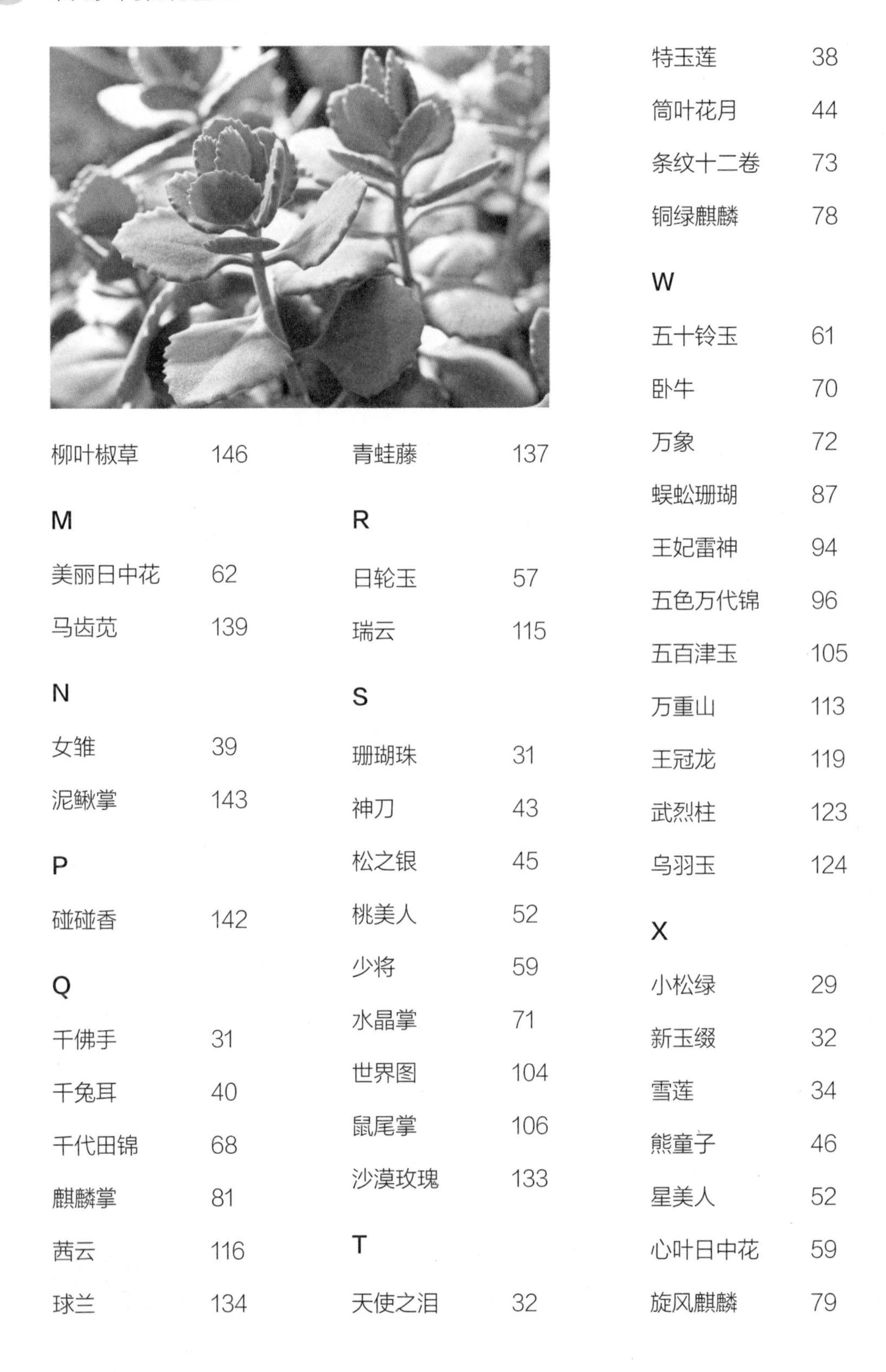